跟着电网企业劳模学系列培训教材

跨海输电铁塔组立

国网浙江省电力有限公司　组编

中国电力出版社
CHINA ELECTRIC POWER PRESS

内 容 提 要

本书是“跟着电网企业劳模学系列培训教材”之《跨海输电铁塔组立》分册，采用“项目—任务”结构进行编写，以劳模跨区培训对象所需掌握的专业知识要点、技能要领两个层次进行编排，包括大跨越基本知识，跨海铁塔组立施工难点分析及总体方案选择、组立施工准备，专用抱杆、各系统布置、安装、顶升及拆除，跨海铁塔吊装方法、220m 高空作业平台设置、钢管混凝土灌注、组立施工安全控制措施、组立施工质量控制措施等内容。采用图文并茂的形式，详细讲解了跨海铁塔组立的最新技术成果和专业技能方法。

本书可供输电线路施工、运维、检修单位的专业技术人员学习参考。

图书在版编目（CIP）数据

跨海输电铁塔组立 / 国网浙江省电力有限公司组编．—北京：中国电力出版社，2019.8（2025.5重印）

跟着电网企业劳模学系列培训教材

ISBN 978-7-5198-3393-0

Ⅰ．①跨…　Ⅱ．①国…　Ⅲ．①跨海峡桥－输电铁塔－工程施工－技术培训－教材　Ⅳ．①TM754

中国版本图书馆 CIP 数据核字（2019）第 141756 号

出版发行：中国电力出版社
地　　址：北京市东城区北京站西街 19 号（邮政编码 100005）
网　　址：http://www.cepp.sgcc.com.cn
责任编辑：穆智勇（zhiyong-mu@sgcc.com.cn）
责任校对：黄　蓓　朱丽芳
装帧设计：赵姗姗
责任印制：石　雷

印　　刷：固安县铭成印刷有限公司
版　　次：2019 年 9 月第一版
印　　次：2025 年 5 月北京第二次印刷
开　　本：710 毫米 ×980 毫米　16 开本
印　　张：9.5
字　　数：133 千字
印　　数：1001—1500 册
定　　价：40.00 元

编 委 会

主　编　董兴奎　朱维政

副主编　徐　林　黄　晓　俞　洁　徐汉兵

　　　　王　权　项志荣　赵春源

编　委　徐　昱　陈建武　吴尧成　夏星航

　　　　郭建平　周晓虎　陈　山　王建莉

　　　　俞　磊　周　熠　董绍光

编 写 组

组　长　彭立新

副组长　汪国林

成　员　叶建云　段福平　李少华　段溢剑

　　　　高优梁　程　群　黄超胜　董益中

　　　　杨　婷　蔡国治　徐　辉　胡逢兴

丛书序

国网浙江省电力有限公司在国家电网有限公司领导下，以努力超越、追求卓越的企业精神，在建设具有卓越竞争力的世界一流能源互联网企业的征途上砥砺前行。建设一支爱岗敬业、精益专注、创新奉献的员工队伍是实现企业发展目标、践行“人民电业为人民”企业宗旨的必然要求和有力支撑。

国网浙江公司为充分发挥公司系统各级劳模在培训方面的示范引领作用，基于劳模工作室和劳模创新团队，设立劳模培训工作站，对全公司的优秀青年骨干进行培训。通过严格管理和不断创新发展，劳模培训取得了丰硕成果，成为国网浙江公司培训的一块品牌。劳模工作室成为传播劳模文化、传承劳模精神，培养电力工匠的主阵地。

为了更好地发扬劳模精神，打造精益求精的工匠品质，国网浙江公司将多年劳模培训积累的经验、成果和绝活，进行提炼总结，编制了《跟着电网企业劳模学系列培训教材》。该丛书的出版，将对劳模培训起到规范和促进作用，以期加强员工操作技能培训和提升供电服务水平，树立企业良好的社会形象。丛书主要体现了以下特点：

一是专业涵盖全，内容精尖。丛书定位为劳模培训教材，涵盖规划、调度、运检、营销等专业，面向具有一定专业基础的业务骨干人员，内容力求精练、前沿，通过本教材的学习可以迅速提升员工技能水平。

二是图文并茂，创新展现方式。丛书图文并茂，以图说为主，结合典型案例，将专业知识穿插在案例分析过程中，深入浅出，生动易学。除传统图文外，创新采用二维码链接相关操作视频或动画，激发读者的阅读兴趣，以达到实际、实用、实效的目的。

三是展示劳模绝活，传承劳模精神。“一名劳模就是一本教科书”，丛书对劳模事迹、绝活进行了介绍，使其成为劳模精神传承、工匠精神传播的载体和平台，鼓励广大员工向劳模学习，人人争做劳模。

丛书既可作为劳模培训教材，也可作为新员工强化培训教材或电网企业员工自学教材。由于编者水平所限，不到之处在所难免，欢迎广大读者批评指正！

最后向付出辛勤劳动的编写人员表示衷心的感谢！

丛书编委会

前言

近年来，随着我国经济建设的高速发展，用电需求急剧增长，对电网建设的需求亦日益强烈，电网建设的步伐也更趋加快，以特高压为代表的大型电网建设项目越来越多，电网的建设水平已处于世界领先地位。

随着电网输送容量和电压等级的不断增加，以及输电线路大跨越工程的不断增多，输电铁塔的高度也在不断增加，如：江苏江阴 500kV 长江大跨越 346.5m 跨越塔，浙江舟山 220kV 联网海上大跨越 370m 跨越塔，浙江舟山 500kV 联网海上大跨越 380m 跨越塔，证明我国在输电线路大跨越工程的跨越塔组立施工技术研究方面取得了丰硕成果。

为有效提升从事输电线路大跨越工程建设、施工、运维、检修管理工作的员工的业务技能，推进电网高质量发展，更好地服务于“一带一路”建设，国网浙江省电力有限公司总结海上大跨越工程跨海塔组立施工的先进经验，编写了本书。

本书的出版旨在传承“敬业担当、甘于奉献、钻研技能、勇于创新、精益求精、争创一流”的新时代劳模、工匠精神，满足一线员工跨区培训的要求，从而达到培养高素质技能人才队伍的目的。

本书在知识内容方面，以提升岗位能力为核心，涵盖了输电线路工程跨越塔组立施工专业的相关理论和业务技能知识。

本书在编写结构方面，采用“项目—任务”结构进行编写，以劳模跨区培训对象所需掌握的专业知识要点、技能要领两个层次进行编排，包括大跨越基本知识、跨海铁塔组立施工难点分析及总体方案选择、组立施工准备、专用抱杆、抱杆各系统布置、抱杆安装顶升及拆除、铁塔吊装方法、高空作业平台设置、钢管混凝土灌注、安全控制措施、质量控制措施等内容。采用图文并茂的形式，详细讲解了跨海铁塔组立的最新技术成果和专业技能方法，架构合理，逻辑严谨，理念新颖，技术先进，方法科学。

本书由浙江省送变电工程有限公司主编，国网浙江省电力有限公司建设部参加编写。本书在编写过程中得到了国网浙江省电力有限公司建设分公司、国网舟山供电公司等专家的大力支持与指导，在此谨向参与本书审稿、业务指导的各位领导、专家和有关单位致以诚挚的感谢！

由于编写时间和编者水平有限，不足之处在所难免，敬请各位读者批评指正。

编　者

2019 年 8 月

目录

撸起袖子加油干　建好世界最高塔

——记全国劳动模范彭立新

彭立新

男，1967年1月出生于浙江绍兴，大学本科学历，中共党员，高级技师，现为舟山500kV联网输变电工程西堠门大跨越施工项目部项目执行经理兼工程临时党支部书记。彭立新1983年12月参加工作，36年来一直从事着“长期野外作业、工作流动性大、作业环境艰苦”的送电线路施工工作，足迹遍布浙江省内、全国各地乃至南美热带雨林等送电线路施工一线。近些年来，彭立新带领团队先后完成跨越舟山和宁波两地的370m高输电铁塔，2012年远赴巴西成功组立起296m南美最高输电铁塔，2018年10月1日组立完成380m世界最高输电铁塔，成为国网电力基建系统尤其是特高塔大跨越输电线路施工领域名副其实的带头人。彭立新工作突出、业绩优秀，先后获浙江省委省政府“抗击雨雪灾害”先进个人、“全国工人先锋号（号手）”等省部级个人和集体荣誉称号，2009年被评为浙江省劳动模范，2010年被评为全国劳动模范。2019年光荣入选中央电视台庆祝改革开放40周年专题片。

彭立新劳模创新工作室创建于2010年，是以全国劳动模范彭立新为领头人，以中高级技术、技能人才为骨干的专业电网建设团队。工作室2014年授牌，2015～2018年连续4年被评为省公司首批劳模创新工作室示范点荣誉称号。目前工作室团队共有核心骨干6人，成员18

人。已经培养国网技术专家1名，技能专家1名，省公司管理型专家3名，技术型专家2名，技能型专家4名等专业人才。自工作室成立以来，团队成员个人和集体荣誉收获颇丰。除了全国劳模彭立新外，团队成员叶建云、邢仕东、蔡国治、段福平先后荣获浙江工匠、“浙电十大工匠”“浙江省五一劳动奖章”和省公司劳动模范称号。团队集体承担建设的巴西亚马逊500kV高塔工程获得了全国首次、行业唯一的“全国建筑业企业创建农民工业余学校示范项目部”称号，承建的皖电东送淮南至上海交流特高压示范工程、1000kV浙北—福州交流特高压工程均获得国家优质工程金质奖。工作室成员针对工程重点、难点，积极开展技术创新工作，抱杆变幅式拉线、可旋转座地双摇臂、内（外）拉线悬浮混合抱杆、输电线路放线牵引走板防翻转结构、一种带全方位地锚盘的地锚、混凝土基础立柱倒角器等多项研究成果获得国家专利得到广泛推广。

从现场来，到现场去。全国劳模彭立新以及以他命名的创新工作室全体成员将认真学习领会习近平新时代中国特色社会主义思想以及新时代劳模精神并结合实际工作，不驰于空想、不骛于虚声，一步一个脚印，有信心也有能力将劳模团队以及劳模创新工作室打造成输电特高塔建设、特高压电网建设后备人才的摇篮。

项目一

大跨越基本知识

【项目描述】

本项目包含大跨越的基本概念、舟山500kV跨海联网输变电工程铁塔工程概况介绍等内容。通过任务描述、知识要点、技能要领等，了解大跨越工程的基本概念，熟悉舟山500kV跨海联网输变电工程铁塔工程概况，了解舟山跨海铁塔结构，掌握跨越塔的分类等内容。

任务一　大跨越工程的基本概念

【任务描述】

本任务主要讲解大跨越工程的基本概念等内容。通过概念描述、术语说明等，了解大跨越工程的定义，掌握跨越塔的分类等内容。

【知识要点】

（1）大跨越工程的定义。

（2）跨越塔分类（按高度）。

（3）跨越塔分类（按塔头形状）。

【技能要领】

一、大跨越工程的定义

指架空输电线路跨越通航江河、湖泊或海峡等，因档距较大（在1000m以上）或杆塔较高（在100m以上），导线选型或铁塔设计需特殊考虑，且发生故障时严重影响航运或修复特别困难的按耐张段设计的工程。

二、跨越塔分类

跨越塔可按高度和塔头形状分类。

1. 按高度分类

（1）特高型跨越塔，指塔的全高在 200m 及以上的跨越塔。

（2）超高型跨越塔，指塔的全高在 150m 及以上且不超过 200m 的跨越塔。

（3）普通型跨越塔，指塔的全高在 150m 以下的跨越塔。

2. 按塔头形状分类

（1）酒杯型塔，指塔头形状类似于图 1-1 所示的跨越塔。

（2）羊字型塔，指塔头形状类似于图 1-2 所示的跨越塔。

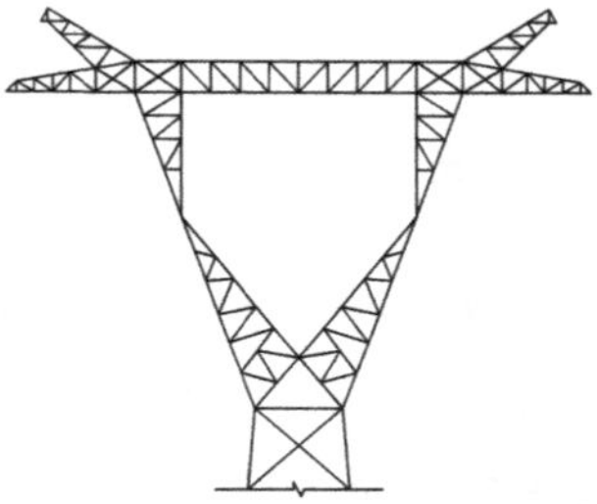

图 1-1 酒杯型塔

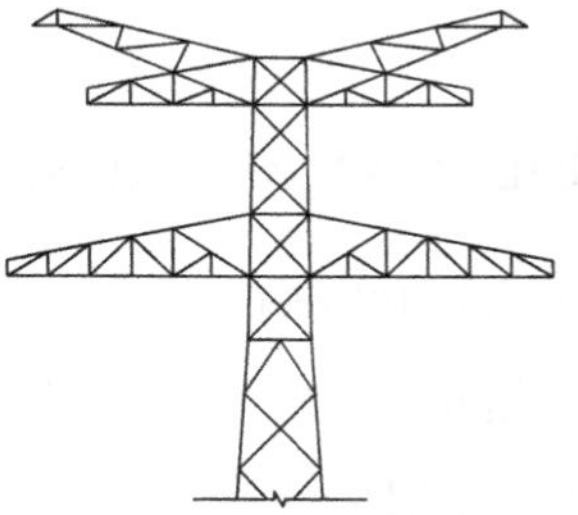

图 1-2 羊字型塔

（3）羊角干字型塔，指塔头形状类似于图 1-3 所示的跨越塔。

（4）蝶型塔，指塔头形状类似于图 1-4 所示的跨越塔。

图 1-3 羊角干字型塔

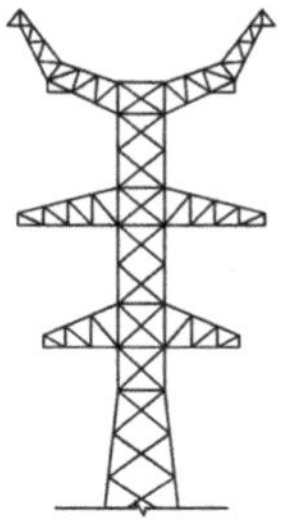

图 1-4 蝶型塔

任务二 舟山跨海铁塔工程概况

【任务描述】

本任务主要介绍舟山 500kV 跨海联网输变电工程概况、跨海铁塔结构等内容。通过概念描述、结构介绍、图解示意等，了解舟山跨海工程的概况，熟悉跨海铁塔的结构，掌握其主要设计特点等内容。

【知识要点】

（1）舟山 500kV 跨海联网输变电工程的概况。

（2）跨海铁塔的结构。

【技能要领】

一、舟山 500kV 跨海联网输变电工程概况

舟山 500kV 联网输变电工程中的新建镇海—舟山 500kV 线路，由宁波镇海普通架空线路、宁波镇海—舟山大鹏岛海底电缆、四处大跨越架空线路、舟山各海岛普通架空线路、舟山本岛普通架空线路组成。其中，西堠门大跨越路径平面如图 1-5 所示，跨越点位于舟山金塘岛与册子岛之间，采用“耐—直—直—耐”跨越方式，杆塔 5 基，耐张段长 4.193km，跨越档距分别为 1016、2656、521m，为 500kV 与 220kV 混压的同塔四回路设计，跨

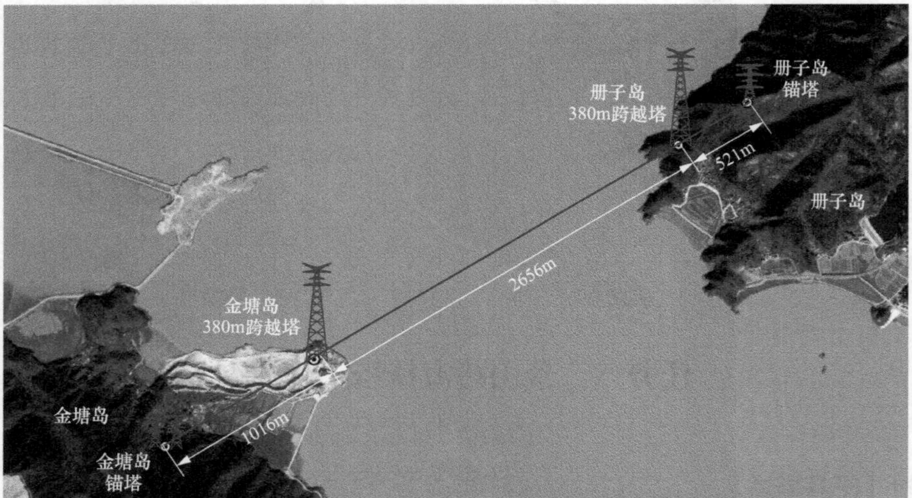

图 1-5　西堠门大跨越路径平面示意图

越塔分别位于金塘岛、册子岛，呼称高均为 293m，全高 380m。500kV 及 220kV 线路导线均采用 4×JLB23-380 铝包钢绞线，分裂间距取 500mm；2 根地线均采用 OPGW-300 不锈钢管层绞式四层绞合全铝包钢结构。

二、跨越铁塔地形地貌

新建的两基 380m 高塔分别位于舟山的金塘岛及册子岛。

金塘岛 2 号跨越高塔位于该岛东北角樟树岙村的原采石场加工场地，中心桩大号侧约 120m、左侧约 100m 为海，塔位地处海岛边缘，地势总体相对平缓。设计定位中心桩海拔高程为＋16.84m，降基后高程为＋7.0m；设计以塔位中心桩为中心，在 96m×96m 范围内砌有挡墙；挡墙内外侧回填压实，形成 135m×135m 的平台。

册子岛 3 号跨越高塔位于该岛西侧大晒网村后的山上，中心桩小号侧约 170m、左侧约 120m 为海，塔位所处位置为一山脊，地势总体 1～3 号腿连线高、2～4 号腿连线低，坡度约 20°。设计定位中心桩海拔高程为＋46.99m，降基后高程为＋33.0m；塔位小号侧及 2 号腿 45°外角侧设计有挡墙，挡墙内侧回填压实，形成 135m×135m 的平台。

三、跨海铁塔结构

380m 跨海高塔单线图如图 1-6 所示，设计采用双回 500kV 与双回 220kV 混压的同塔四回路钢管自立塔，塔身主管、水平管及斜管等均采用法兰连接。塔身最大主管规格为 ϕ2300mm×28mm，塔身 281.5m 以下主管采用内外双圈法兰连接，其余主管采用外法兰连接。

塔身 262.3m 以下主管（包括基础插入式钢管）内灌注 C50 微膨胀自密实混凝土，其中 154.9m 以下设计配有角钢骨架。

380m 高塔设计塔型为 SSZK1-293，塔脚根开为 69.024m，塔头部分高 87m，地线顶架单侧长 46.5m，500kV 导线下横担单侧长 45m，220kV 导线下横担单侧长 42.9m。塔身 0～293m，主管正侧面坡比为 1∶0.084；塔身 293～345m，主管正侧面坡比为 520∶29；塔身 345～365m，主管正侧面坡比为 1∶0。

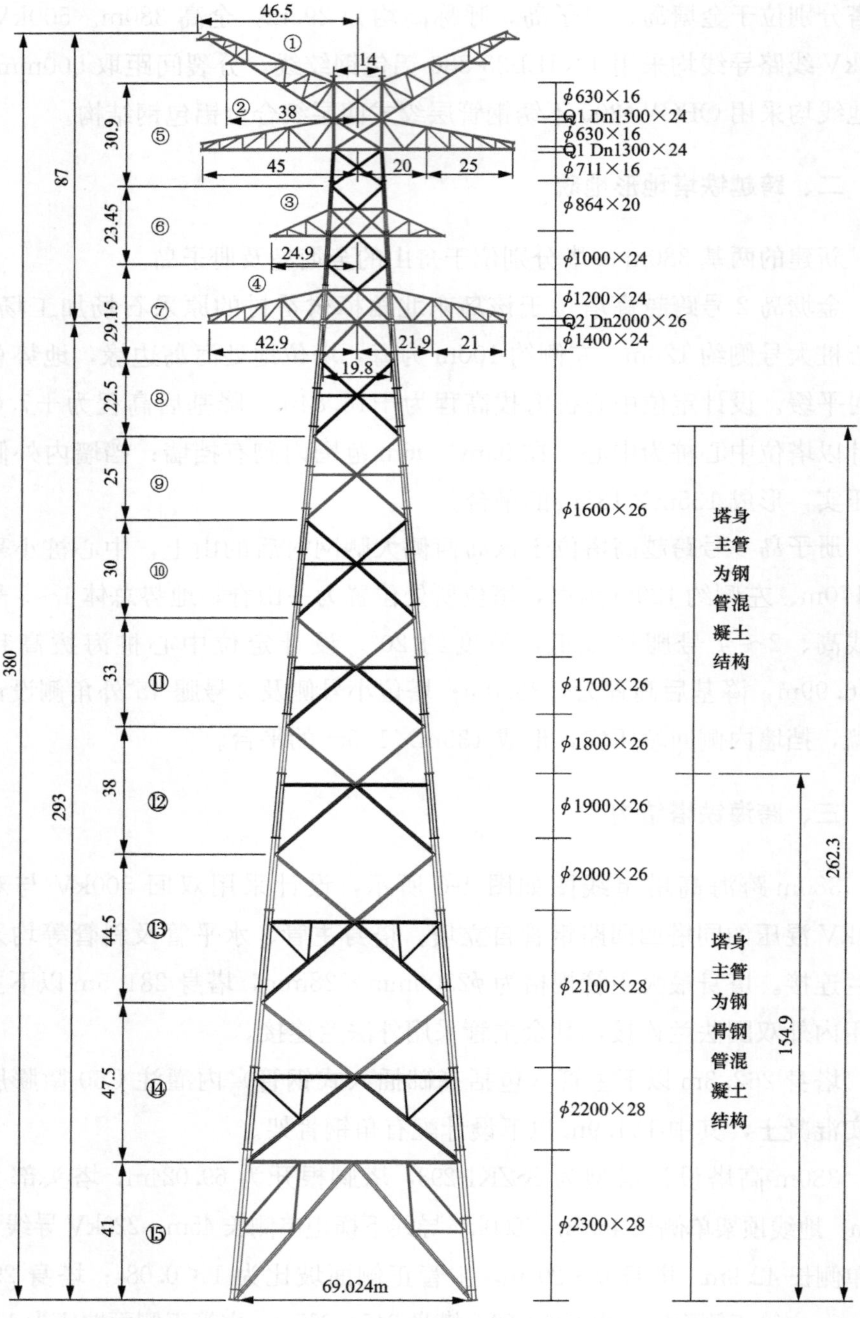

图 1-6　380m 跨海铁塔单线图

高塔 293m 以下设计采用井筒型电梯，并配有外旋梯；293m 以上采用带内旋梯的井架。井筒钢管规格为 ϕ2000mm×18mm（Q345B），井架主钢管所采用规格为 ϕ140mm×5mm（Q235B），井架标准段长 4m，断面尺寸为 2400mm×2400mm。

项目二

跨海铁塔组立施工难点分析及总体方案选择

≫【项目描述】

本项目包含跨海铁塔组立施工难点分析及总体方案选择等内容。通过任务描述、知识要点、技能要领等，掌握跨海铁塔组立施工的难点，熟悉跨海铁塔组立的总体方案等内容。

任务一　跨海铁塔组立施工难点分析

≫【任务描述】

本任务主要讲解分析 380m 跨海铁塔组立施工难点等内容。通过特点分析、对照比较等，掌握跨海铁塔组立施工难点等内容。

≫【知识要点】

（1）新型抱杆研制面临的难点。

（2）抱杆提升方式选择面临的难点。

（3）钢管混凝土灌注面临的难点。

≫【技能要领】

通过与 370m 高塔工程的比较，了解 380m 跨海铁塔组立施工特点，掌握其面临的主要施工难点。

一、380m 跨海铁塔与 370m 高塔的参数比较

对比舟山 500kV 联网输变电工程西堠门大跨越 380m 铁塔与舟山 220kV 联网输变电工程螺头水道大跨越 370m 铁塔，这两个工程的铁塔参数见表 2-1，有利于分析 380m 跨海铁塔组立的施工难点。

表 2-1　　380m 跨海铁塔与 370m 高塔参数对照表

项目	单位	370m 高塔	380m 跨海铁塔	增加值	增加幅度
铁塔全高	m	370	380	+10	+2.7%
整体质量	t	5999	7280	+1281	+21.4%
平均每米质量	t/m	16.2	19.2	+3.0	+18.5%
铁塔根开	m	61.62	69.024	+7.404	+12.0%
单侧横担宽度	m	40	46.5	+6.5	+16.3%
主管规格	mm	ϕ2000×25m	ϕ2300×28m	+0.35	+28.8%
钢管混凝土高度	m	212	262.3	+50.3	+23.7%
钢管混凝土方量	m^3	2400	3200	+800	+33.3%

二、380m 跨海铁塔组立施工难点

1. 新型抱杆研制

西堠门大跨越的跨越塔全高达 380m，在高度上仅比舟山 220kV 联网螺头水道大跨越 370m 高塔高了 10m，但由于 380m 高塔首次采用了 500kV 与 220kV 混压的四回同塔设计，无论是铁塔根开、塔头尺寸、主管规格，或是整体重量，均比 370m 高塔有了大幅增加，更远超常规跨越塔，现有抱杆的参数性能无法满足吊装要求，必须研制新型抱杆。如何充分考虑海岛地形及地理环境条件，有效结合 380m 高塔的结构及参数特点，合理确定抱杆型式及参数，研制新型抱杆，满足高塔组立施工的安全使用要求，是 380m 高塔组立施工难点之一。

2. 流动式起重机选配

380m 高塔底部根开达 69.024m，主管规格达 ϕ2300mm×28m，无论是吊装重量还是吊装幅度，均要求较高。如何选用适宜规格的流动式起重机，完成高塔腿部段大重量、大幅度的吊装作业，适当降低高塔上部抱杆的吊装性能参数要求，是 380m 高塔组立施工难点之二。

3. 抱杆提升方式

为确保吊装使用安全，抱杆采用中心落地形式，铁塔中心配用标准节，

随铁塔组立高度增加，提升抱杆加装标准节顶高抱杆满足吊装高度要求。由于铁塔全高达 380m，考虑吊钩及吊装绳长，实际抱杆的总高度将超过 400m，如采用抱杆中心落于地面的一次提升方式，其提升整体重量将大大超出提升系统的允许荷载，所带来的提升操作困难及安全风险是难以想象的。如何有效结合高塔结构，在塔身的合适位置设置高空平台，变抱杆的一次提升为地面与高空结合的二次提升，有效降低提升重量，减小施工安全风险，是 380m 高塔组立施工难点之三。

4. 钢管混凝土施工

高塔塔身主管 262.3m 范围内需灌注混凝土，灌注高度及方量超出了 370m 高塔，更兼有钢骨钢管混凝土与钢管混凝土两种结构。如何选定合适的灌注施工方案，解决混凝土搅拌、运输、泵送、下料、振捣等系列施工工序难点，并采用有效的钢管内部混凝土防渗漏措施，保证灌注施工质量，是 380m 高塔组立施工难点之四。

5. 施工安全风险控制

超高的施工作业高度、大量且频繁的高处作业、众多的施工人员、大规格的钢管、大尺寸的根开、封闭的钢管内部、多大风天气的海岛环境、复杂的组塔施工工序，高塔组立施工的种种不利条件，都对施工安全管理提出了更高要求。如何针对高塔组立过程中存在的高空坠落、物体打击、机械伤害、窒息等事故风险，精心策划组塔安全技术措施，保障施工人员和设备安全，是 380m 高塔组立施工难点之五。

任务二　跨海铁塔组立总体方案

【任务描述】

本任务主要讲解 380m 跨海铁塔组立总体施工方案等内容。通过总体说明、流程介绍等，了解跨海铁塔组立的总体工作流程，熟悉跨海铁塔组立的总体方案等内容。

≫【知识要点】

（1）跨海铁塔组立总体方案。

（2）跨海铁塔组立工序流程。

≫【技能要领】

一、跨海铁塔组立总体方案

经过经济技术比较，舟山 500kV 联网输变电工程西堠门大跨越确定采用 400t 履带吊、100t 汽车吊与特制座地双平臂抱杆结合的分解吊装方案，进行 380m 跨海铁塔的组立。0～112.8m 部分采用 400t 履带吊与 100t 汽车吊配合吊装组立，112.8m 以上部分采用特制坐地双平臂抱杆吊装组立。

特制坐地双平臂抱杆采用定制标准节作为抱杆杆身，在标准节顶部安装一副旋转式双平臂钢结构抱杆，双臂同步对称进行吊装作业。塔身 281.5m 以下吊装时，抱杆坐落在定制标准节上；塔身 281.5m 以上吊装时，220m 以下定制标准节更换为井筒，220m 以上仍采用定制标准节。抱杆采用钢结构套架液压下顶升方式进行提升，按铁塔高度分地面、高空两次分别进行。塔身 281.5m 以下吊装时，抱杆提升全部在地面进行；塔身 281.5m 以上吊装时，抱杆提升在高空 220m 平台进行。抱杆身部设置腰环，其四角配设腰环拉线连接于塔身主管，腰环拉线采用钢绞线（最顶部三道采用钢拉杆），用双钩收紧稳定，采用十二道防扭布置。两侧起吊绳从下支座导向滑轮架引出，分别引至地面，经地面转向滑车后引至动力设备。

二、跨海铁塔组立工序流程

380m 跨海铁塔组立工序流程如图 2-1 所示。

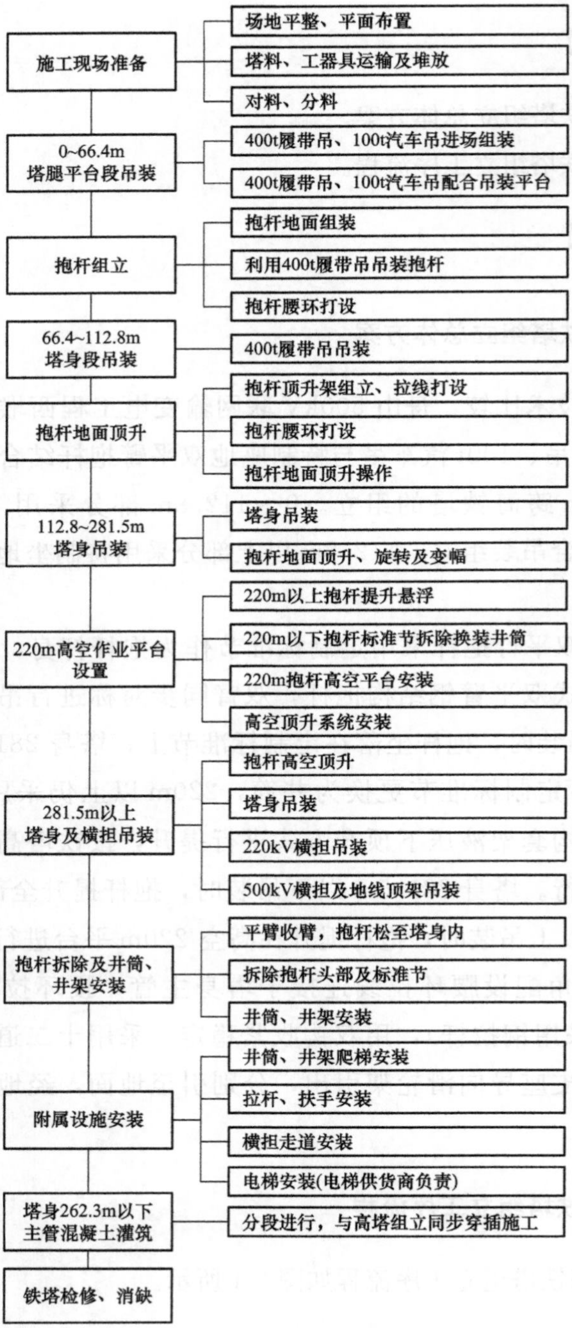

图 2-1　380m 跨海铁塔组立工序流程图

项目三

跨海铁塔组立施工准备

【项目描述】

本项目包含跨海铁塔组立施工人员组织、技术准备、工器具及材料准备、现场布置等内容。通过任务描述、知识要点、技能要领等，了解跨海铁塔组立施工人员组织、技术准备、工器具及材料准备要求，掌握现场布置策划方法等内容。

任务一　人员组织、技术准备、工器具及材料准备

【任务描述】

本任务主要讲解跨海铁塔组立施工人员组织、技术准备、工器具及材料准备等内容。通过文字介绍及图解示意，了解跨海铁塔组立施工人员的组织安排、相关技能要求，熟悉技术、工器具、材料准备相关工作等内容。

【知识要点】

（1）跨海铁塔组立施工人员岗位分工。

（2）跨海铁塔组立技术准备要求。

【技能要领】

一、跨海铁塔组立施工人员组织

1. 各岗位人员分工

（1）现场总指挥：现场总的协调、调度、指挥，负责人员的分工及工作安排；吊装、提升等施工作业的相关信息全部汇总到现场总指挥，由其下达相关设备的操作及配合指令。

（2）安全总监护：现场总的安全文明施工监督管理，对所有不符合安

全文明施工要求的作业行为，可以立即指令停止并要求整改。

（3）塔上作业指挥：负责塔上高处作业点的协调指挥，反映高处作业点的情况，落实现场总指挥的指令。

（4）塔上安全监护：负责塔上高处作业点的安全监督，对不符合安全文明施工要求的作业行为，应立即指令停止。

（5）技术员：负责监督工艺方案的落实，保证现场的施工作业行为符合工艺方案要求。

（6）质量员：负责现场施工的质量控制管理，做好成品保护，落实工艺质量要求。

（7）测量员：负责在吊装过程中对抱杆正直度情况进行监测，并及时报告现场总指挥；负责塔身、抱杆、井筒在安装过程中的正直度监测。

（8）视频监视：负责所有视频监控器的集中监视，对异常情况及时汇报现场总指挥或发出停机命令。

（9）抱杆集控操作手：负责起吊牵引机、抱杆高空悬浮提升牵引机、抱杆变幅及回转电机的集中控制操作，听从现场总指挥的指令调度。

（10）抱杆起吊、提升牵引机操作手：负责牵引机的就地操作，听从现场总指挥的指令调度。

（11）抱杆液压顶升操作手：负责抱杆的液压顶升操作，听从现场总指挥的指令调度。

（12）起重机司机：负责流动式起重机的操作，听从起重机械指挥的指挥。

（13）起重机械指挥：负责指挥起重机司机执行吊装作业，听从现场总指挥的指令调度。

（14）叉车司机：负责叉车的驾驶操作，听从现场总指挥的指令调度。

（15）机动绞磨操作手：负责机动绞磨的操作，听从现场总指挥的指令调度。

（16）高处作业：负责所有的高处作业，听从塔上作业指挥的指令调度。

（17）地面作业：负责所有地面作业，听从现场指挥的指令调度。

(18) 机械维护：负责现场所有机械设备的维护保养。

(19) 电气通信维护：负责现场电气及通信设备的维护保养。

2. 人员要求

(1) 所有施工人员必须经过安全技术交底。

(2) 指挥及监护岗位必须由具备高塔组立施工经验的技工担任。

(3) 特殊作业工种必须持证上岗。

(4) 高处作业人员必须年满 18 周岁且不超 50 周岁，并经体格检查合格。凡患有高血压、心脏病、癫痫病、精神病和其他不适于高处作业的人，禁止登高作业。

(5) 每天工作前需对高处作业人员的体质及精神状态进行确认，体质或精神状态不佳者严禁登高作业。

二、跨海铁塔组立施工技术准备

(1) 完成对所有施工人员的安全技术交底。

(2) 基础必须经中间验收合格，组塔施工前必须对基础插入钢管顶面高差、根开、坡度进行重点测量复核。

(3) 基础混凝土抗压强度应达到设计强度的 70%。

三、跨海铁塔组立施工工器具准备

(1) 工器具严格按配置表要求进行选配，在现场进行有序整理，整齐摆放，清晰标识。

(2) 各工器具应附有维护保养或试验合格证明资料。

(3) 所有计量器具必须有检验合格证明，且在有效使用期内。

四、跨海铁塔组立材料准备

(1) 组塔施工段的塔材、螺栓等运输到位，并进行对料、分料，按吊装次序在现场摆放堆置整齐。

(2) 到货塔材、螺栓应有出厂合格证明，并做好开箱验收。

任务二 现 场 布 置

【任务描述】

本任务主要讲解跨海铁塔组立施工现场布置等内容。通过文字介绍、图解示意等，了解跨海铁塔组立施工现场的总体布置要求，掌握现场布置策划方法等内容。

【知识要点】

跨海铁塔组立施工现场总体布置。

【技能要领】

（1）按设计图要求，完成 135m×135m 塔基平台的开挖平整，场地回填部分的压实系数满足设计要求，挖方边坡按设计坡比预留。

（2）结合组立施工特点，现场分区设置，设组塔施工作业区、钢管警示漆喷涂作业区、钢管混凝土搅拌作业区、现场办公生活区等设施；施工场地周围应设置围栏，实行封闭式管理，禁止无关人员进入施工现场。

（3）施工运输主道路修筑完成，宽度、坡度满足运输要求。

（4）施工辅路及动力平台、控制楼布置完成；动力平台与塔中心的距离不小于 200m；控制楼布置在动力平台边侧，对正铁塔，便于观测整个现场。

（5）现场各地面监控点应提前布置，各监控点至控制楼的通信线布置埋设完成。

（6）现场电源接设到位，各控制电缆地面预埋布置完成。

（7）各锚桩应按施工平面要求，根据锚桩受力吨位并结合施工现场土质条件，进行受力计算后设置；锚桩位置应用经纬仪定位。

（8）施工现场设置控制楼，控制楼内设有休息室、电源通信室、控制室等。控制室专门用于布置集中控制操作台及各视频监视器，对现场包括高空各点的情况进行集中监视，同时实现起吊、变幅、回转各系统设备的集中控制操作。

(9) 在施工现场同时布置工具间、材料间等场所，并布置主管混凝土灌筑所需的搅拌楼、材料堆场。

(10) 在横、顺线路方向的一侧各布置一台经纬仪，用于监测抱杆正直度及塔身倾斜度。

380m 跨海铁塔组立现场总体平面布置如图 3-1 所示。

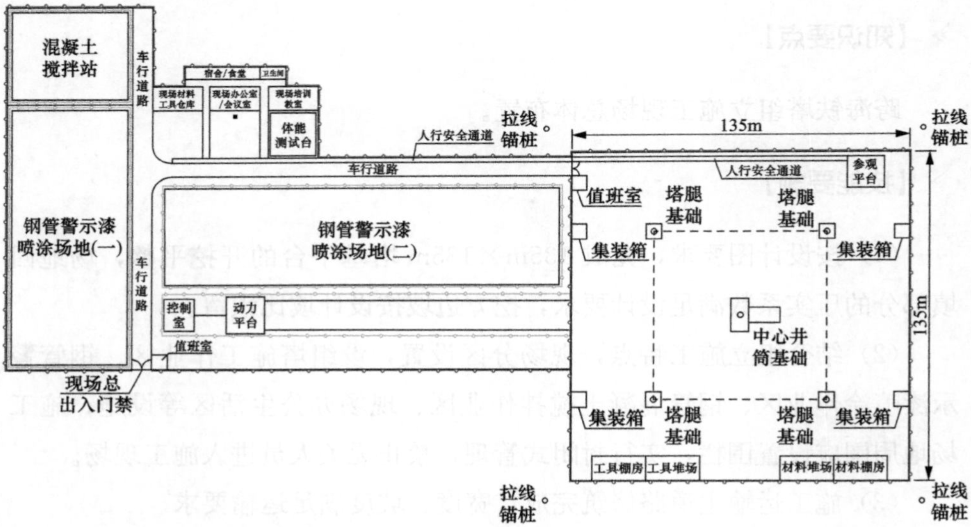

图 3-1 380m 跨海铁塔组立现场总体平面布置图

项目四

跨海铁塔组立专用抱杆

【项目描述】

本项目介绍跨海铁塔组立专用抱杆技术参数、结构组成、使用注意事项等内容。通过任务描述、知识要点、技能要领等，了解专用抱杆的基本技术参数，掌握专用抱杆的结构组成，熟悉专用抱杆的使用注意事项等内容。

任务一　抱杆主要技术参数及结构组成

【任务描述】

本任务主要讲解 380m 跨海铁塔组立专用抱杆的主要技术参数、结构组成等内容。通过参数介绍、结构介绍、图解示意等，了解专用抱杆的基本技术参数，掌握专用抱杆的结构组成等内容。

【知识要点】

（1）专用抱杆主要技术参数。

（2）专用抱杆结构组成。

【技能要领】

一、专用抱杆主要技术参数

（1）抱杆最大使用高度：398.9m（即平臂铰接点高度），回转塔身以上部分高 27.2m（从平臂铰接点到桅杆顶的距离），抱杆全高 426.1m。

（2）最大起重量：双侧各 30t（钩下重量），允许最大不平衡力矩 420t·m。

（3）工作幅度：5.0～42m。

（4）抱杆悬臂自由高度（钩下高度）：36m（250m 高度及以下）；32m（250m 高度以上）。

（5）腰环间距：15～40m。

（6）吊钩起升速度：0～20m/min。

（7）变幅速度：0～20m/min。

（8）单臂覆盖面角度：±120°（水平面内），回转速度 0～0.4r/min。

（9）标准节：断面 4000×4000（中心距，单位 mm），主材规格 HM400×400×13×21 型 H 型钢（Q460C，单位 mm），单节长 6m。

（10）设计最大工作风速：10.8m/s（离地 10m 高，10min 平均风速）。

（11）设计最大非工作状态风速：35m/s（离地 10m 高，10min 平均风速）。

（12）抱杆设有起重量限制器（机械式、电子式各 1 套）、力矩限制器、力矩差限制器（机械式、电子式各 1 套）、幅度限位器、回转限位器、高度限位器等安全装置。起重量限制器、力矩限制器、力矩差限制器、幅度限位器配置相应数据显示器；加装指示灯，根据起重量超载、力矩差等数值大小，实现分级报警。

（13）变幅系统、回转系统采用变频调速；电气控制、各项数据显示、报警信号全部在地面控制台集中，采用集中控制。

二、专用抱杆结构组成

整副抱杆由塔顶、平臂、内外拉杆、回转塔身、上支座、回转支承、下支座、过渡节、标准节、腰环、底座、起吊系统、变幅系统、顶升系统、监视及电气控制系统等组成。抱杆组成如图 4-1 所示，各部件特性如表 4-1 所示。

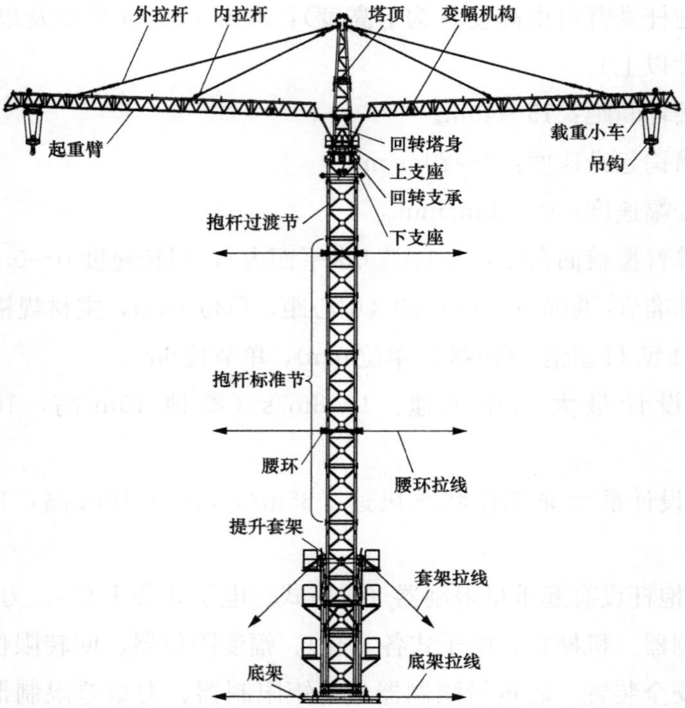

图 4-1 专用抱杆组成示意图

表 4-1 专用抱杆部件特性表

名称	规格（mm）	数量	参考质量（kg）		备注
			单件	小计	
塔顶	□2785×27.145m	1 副	24911	24911	
平臂	△2200×2093×41.48m	2 副	27561	55122	
载重小车	3384×3209×1.3m	2 副	1875	3750	
吊钩	2341×2580×2.095m	2 副	6166	12332	
内外拉杆	ϕ60 钢丝绳组件	2 副	4454	8908	
回转塔身	2785×1985×4.6m	1 副	19780	19780	
上支座	5724×2965×1.939m	1 副	11076	11076	
回转支承		1 副	3500	3500	
下支座	8082×2743×3.0m	1 副	19442	19442	
过渡节	4500×4470×2.12m	1 节	10710	10710	
标准节	4400×4400×6.0m	48 节	12719	610512	包括内旋梯
腰环	5624×5624×0.75m	16 副	5844	93504	

续表

名称	规格（mm）	数量	参考质量（kg）		备注
			单件	小计	
顶升套架	9600×4400×14.178m	1副	72303	72303	
底座	32790×10180×1.168m	1副	17280	17280	
合计	963130kg				

任务二　专用抱杆使用注意事项

》【任务描述】

本任务主要讲解专用抱杆使用操作过程中的技术要点及安全注意事项等内容。通过知识要点、技能要领等，熟悉专用抱杆使用操作过程中的技术要点，掌握安全注意事项等内容。

》【知识要点】

（1）专用抱杆使用操作技术要点。

（2）专用抱杆使用安全注意事项。

》【技能要领】

一、严禁超载起吊，防止偏拉斜吊

严禁超载起吊，平臂双侧起吊最大吊重不得超过30t（钩下重量），并应保证两侧平臂在起吊、就位、变幅过程中的同步，按最大不平衡弯矩不超过420t·m控制。

两侧吊件在平臂中心线上的水平偏角：纵向、横向的偏角均不得大于2°，且偏移距离不大于2.5m。

二、正确设置腰环，调直抱杆杆身

严格按施工方案要求正确设置抱杆腰环及腰环拉线。

起吊前，利用腰环和腰环钢绞线将抱杆杆身调直，将待组装主管（或塔片）布置于顺线路与横线路正方向，要求两侧的吊装位置应尽量与抱杆中心线成一直线，以避免平臂承受侧向力，两侧吊件与抱杆中心的水平距离也应相等，以减小不平衡弯矩。

抱杆最上两道附着框梁以上部分标准节（含过渡节）螺栓在每次抱杆提升到位后检查一遍，如松则复紧。

抱杆杆身正直度应用两台经纬仪分别在顺、横线路中心方向观测，或用其他方法观测。

三、严控组装尺寸，注意运输装卸

抱杆标准节组装螺栓应拧紧，组装成整体后，其断面尺寸误差应控制在□4400mm±2mm之内。

抱杆（含电机等设备）在运输装卸时应轻抬轻放，避免受撞击变形。

四、双侧同步吊装，保证力系平衡

起吊时两台牵引机应缓慢加速，保证两侧吊件同时受力，同步离地，以减少抱杆的不平衡弯矩，在就位卸荷时，应使两侧吊件同步接触就位点，先穿一颗螺栓，吊件缓慢下降，尽量做到同步就位。

在吊装过程中，如遇报警，应查明原因，严禁强行吊装。当吊装重量或不平衡弯矩达到90%设计值时，牵引设备（牵引机）将自动停止牵引（此时吊件只能作向下动作及较重侧吊件向内变幅动作），此时现场指挥应根据现场实际情况指挥操作手是下降吊件还是减小幅度。

为保证吊装安全，吊钩与下弦杆的限位高度应控制在6.3m以上，在吊件快接近位置时，应加强监视。

吊装时，严禁调幅、起吊、回转同时进行，即不允许多个动作同时进行，单次操作只能进行起吊、变幅或回转中的其中一个动作。

五、规范集控操作，确保安全可靠

专用抱杆采用集中控制操作，使用时必须做到规范操作。

（1）采用发电机应急供电时，应保证发电机的电压在标准范围。

（2）在系统电源合闸之前，要检查各操作手柄是否灵活、可靠，并均应在零位；钢丝绳是否完好，位置是否正确；一切正常方可合闸，并观察1min。

（3）一切正常后，分别依次进行：小车变幅和回转机构试车（先行关闭回转刹车制动），最后进行起升机构试车。试车前要检查起吊钢丝绳是否绕在一起，如缠绕在一起，应使其分离后方能试车。

（4）操作人员应经过操作培训，合格者方能上岗。现场指挥及操作人员应对产品的使用条件、各部件结构原理、故障情况有充分清晰的了解，正式吊装前应组织演练。

（5）现场应配机修、电气维修人员，并按要求对设备及时检查、保养、维修，不得带病作业。

（6）抱杆应严格按使用条件工作，严禁违规操作。

（7）安全保护装置由厂方调试，施工人员不得随意调动，以免出现故障。如遇安全保护装置故障，应请厂方维修。

（8）抱杆操作应平稳，每个动作均应慢起、慢落，以防冲击过大，尤其是回转作业及起升操作。

（9）控制台操作人员自己判断已到安全极限而保护装置并未动作时，坚决不吊。不可用限位作用代替停车动作。

（10）控制台主操作人员在以下情况时应禁止吊装：①不明重量；②没有指挥或者信号不清；③被吊物上有人；④部分埋在地下的吊件。

项目五

专用抱杆各系统布置

【项目描述】

本项目讲解跨海铁塔组立专用抱杆平臂、牵引、变幅、腰环附着等各系统布置内容。通过任务描述、知识要点、技能要领等，了解专用抱杆的平臂布置方向，掌握起吊牵引绳、变幅绳穿引方式，熟悉专用抱杆的腰环附着打设方法等内容。

【任务描述】

本任务主要讲解跨海铁塔组立专用抱杆平臂、牵引、变幅、腰环附着等各系统布置内容。通过文字叙述、图解示意等，了解专用抱杆的平臂布置方向，掌握起吊牵引绳、变幅绳穿引方式，熟悉专用抱杆的腰环附着打设方法等内容。

【知识要点】

（1）专用抱杆平臂布置方向。

（2）专用抱杆起吊牵引绳、变幅绳穿引方式。

（3）专用抱杆腰环附着打设方法。

【技能要领】

一、专用抱杆的平臂布置方向

抱杆布置在铁塔中心位置进行吊装作业。

结合金塘岛、册子岛两基380m高塔的实际地形及场地情况，动力平台均布置于顺线路方向，为此，抱杆平臂布置在横线路方向。

以抱杆平臂横线路方向作为抱杆的起始位置，吊装时以此为基准做±120°回转。

二、专用抱杆的牵引系统布置

起吊动力设备采用2台280kN牵引机，布置在顺线路方向的动力平台。

起吊绳采用 ϕ26mm 钢丝绳，其布置如图 5-1 所示，一头连于臂头楔块，经载重小车滑轮、吊钩滑轮、回转塔身滑轮、塔顶转向滑轮、电子安全装置及下支座导向滑轮后，经地面转向滑车后至牵引机。

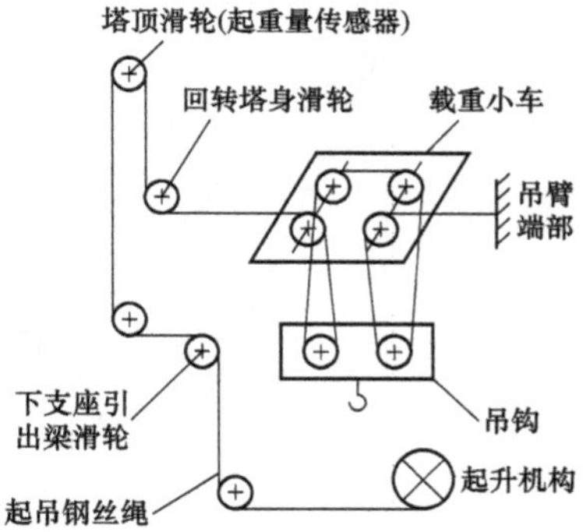

图 5-1　专用抱杆单侧起吊绳布置示意图（另一侧走向与之对称）

三、专用抱杆的牵引系统布置

变幅系统采用变幅牵引机构驱动，由控制台在地面控制室控制。

变幅绳采用 ϕ20mm 钢丝绳，有一长一短两根，如图 5-2 所示。长变幅绳一端连于小车一侧的防断绳装置上，经臂尖滑轮、上弦杆导向滑轮盘于卷筒上；短变幅绳一端连于小车另一侧的防断绳装置上，经臂根导向滑轮直接盘于卷筒上。

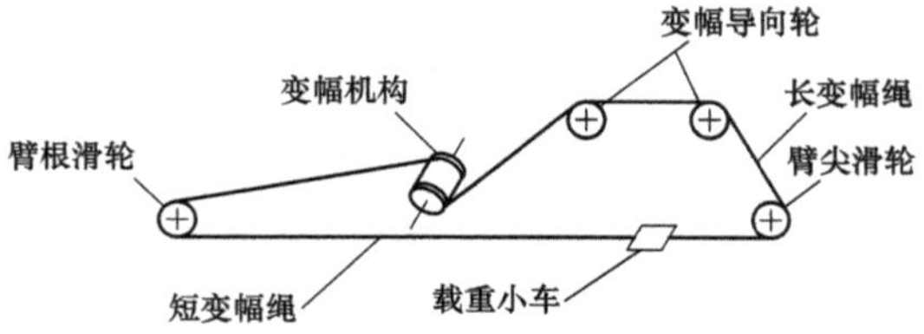

图 5-2　专用抱杆单侧变幅绳布置示意图（另一侧走向与之对称）

四、专用抱杆的腰环附着系统布置

抱杆杆身设置柔性附着，采用十二道防扭设置，附着框梁通过腰环绳（GJ-500）与塔身主管及抱杆连接，中间用 25t 双钩收紧；对于部分长度较短无法采用钢绞线的腰环绳，直接采用双钩收紧。每腿的主腰环绳采用上下双道，防扭腰环绳采用单道，如图 5-3 所示。根据腰环绳连接长度的不同，其连接配置形式也不同。其中主腰环绳有四种形式（Z1～Z4），防扭腰环绳为三种形式（N1～N3），如图 5-4 所示。

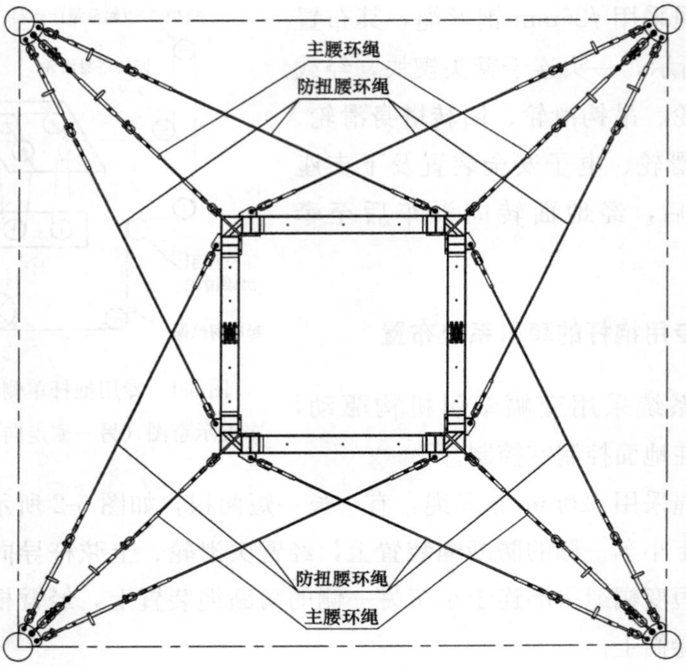

图 5-3　腰环绳布置示意图

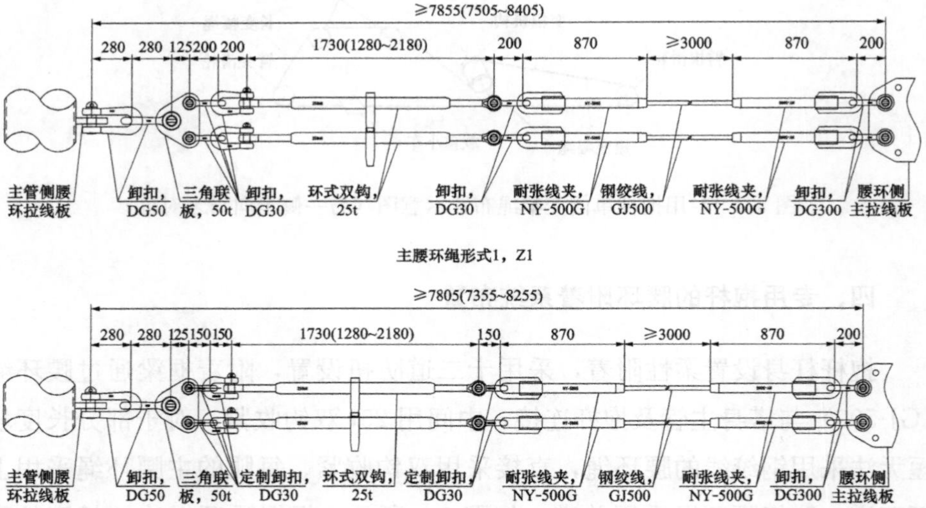

图 5-4　腰环绳连接配置形式（一）

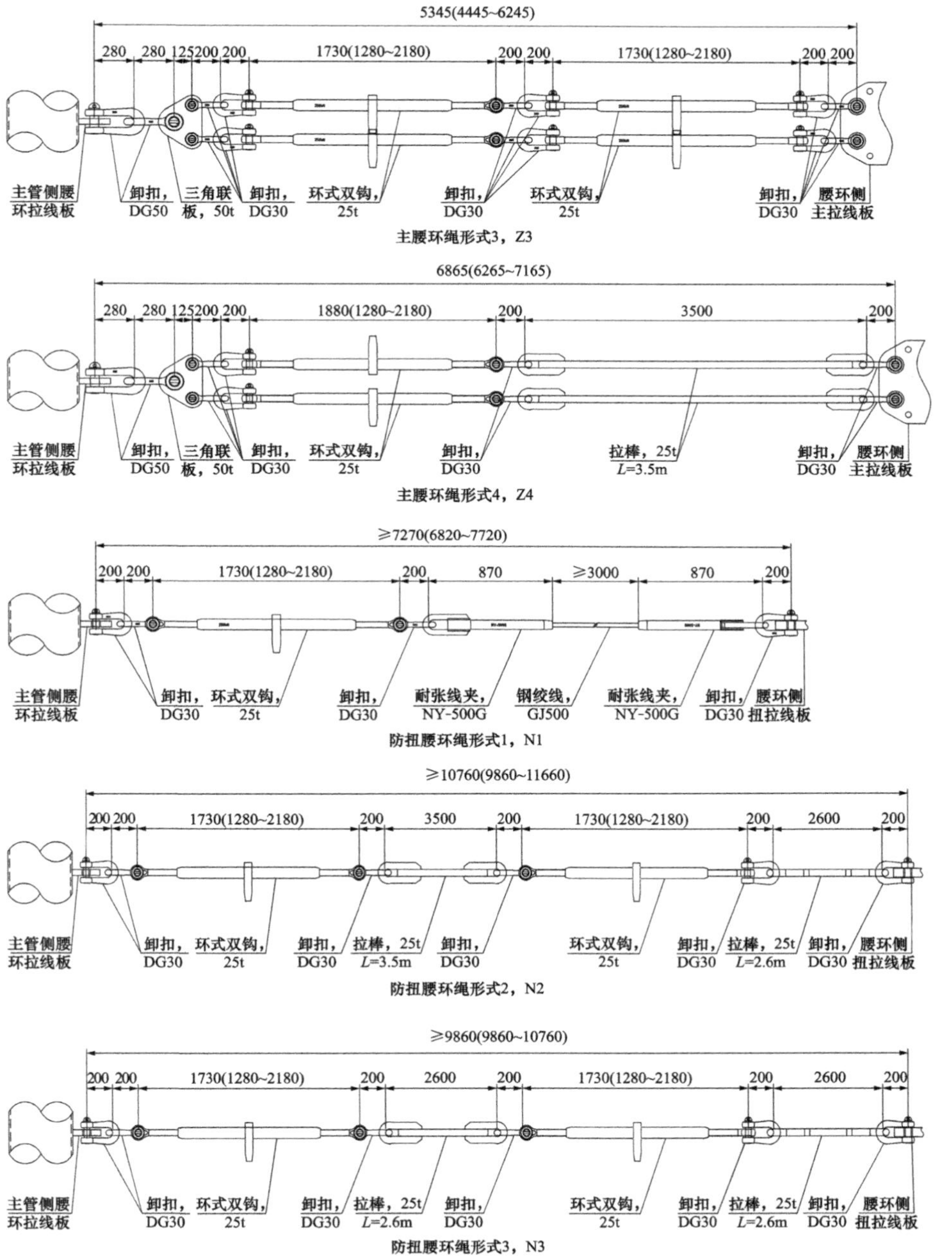

图 5-4 腰环绳连接配置形式（二）

项目六

专用抱杆安装、顶升及拆除

【项目描述】

本项目包含跨海铁塔组立专用抱杆安装、顶升及拆除等内容。通过任务描述、知识要点、技能要领等，了解专用抱杆的组立安装、液压顶升及拆除步骤，熟悉抱杆液压顶升机构组成，掌握抱杆各部件安装方法及抱杆液压顶升、拆除方法等内容。

任务一 专用抱杆安装

【任务描述】

本任务主要讲解跨海铁塔组立专用抱杆各部件结构的安装等内容。通过文字叙述、图解示意等，了解专用抱杆各部件结构的安装步序，掌握各部件吊装方法等内容。

【知识要点】

（1）专用抱杆各部件结构的安装步序。

（2）专用抱杆各部件结构的吊装方法。

【技能要领】

一、专用抱杆底部安装

专用抱杆底架由四片F形框架组成，每片框架重约4.1t，框架上设置有3个吊耳，吊耳上设ϕ50mm吊装孔。吊装时用DG4锁于图6-1所示A、B两个挂点，并分别连接ϕ17.5mm×4m钢丝套，钢丝套另一端挂于汽车吊主钩。图6-1中C挂点连接DG4＋ϕ15mm×2m钢丝套＋5t链条葫芦＋ϕ15mm×2m钢丝套，挂于汽车吊主钩。离地后，调整葫芦，使框架面与地面平行。

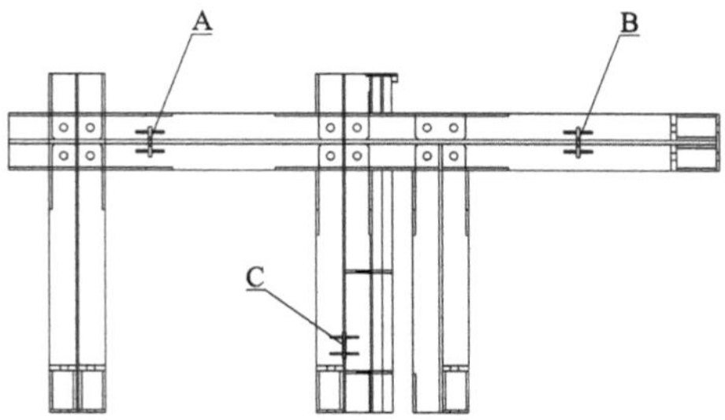

图 6-1　底架框架吊耳布置示意图

底架框架吊点布置如图 6-2 所示，每副底架框架均有 8 个地脚螺栓连接，在就位时需注意地脚螺栓保护，并在就位后，拧紧地脚螺栓。

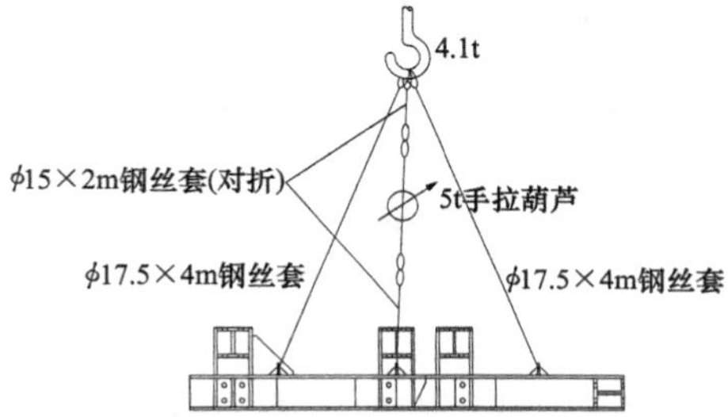

图 6-2　底架框架吊点布置示意图

二、专用抱杆身部安装

（一）杆身标准节吊装

杆身标准节截面中心尺寸 4m×4m，高 6m，重约 12.7t。

在地面塔身中心附近（履带吊作业幅度内）将标准节、特殊节组装好，同时安装好内旋梯。

标准节吊耳设置在从上往下第二个节点处内侧 45°方向，吊耳上设有 ϕ32mm 吊装孔。吊装时采用 2 根 ϕ26mm×5m 钢丝套对角布置，钢丝套一端通过 BW12.5 卸扣锁于标准节吊耳上，另一端挂于汽车吊（或履带吊）主钩。

标准节吊装如图 6-3 所示。

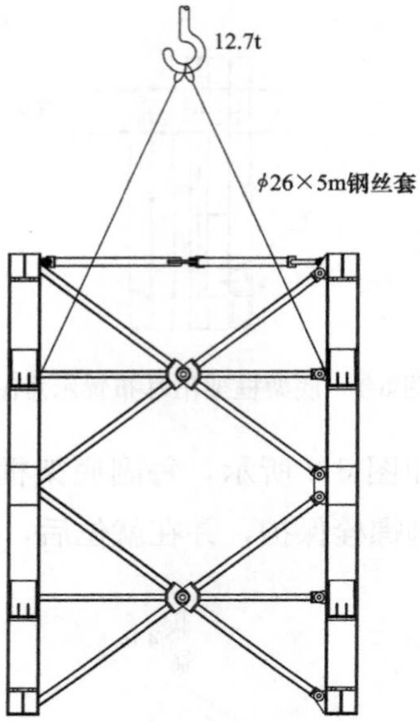

图 6-3　标准节吊装示意图

（二）套架吊装

套架采用分片吊装方式进行。套架由套架节、下承台、上承台及相应的走台组成。吊装时，按从下到上的顺序先吊装套架节（吊装顺序见图 6-4），再吊装下承台，最后吊装上承台。

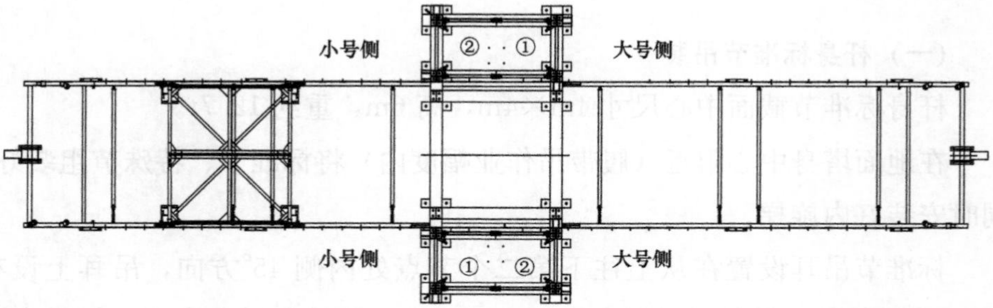

图 6-4　套架节吊装顺序示意图

为方便高空就位，左右两组套架节均采用 U 形结构拼接而成。吊装时，利用两侧履带吊（高空时利用抱杆）对角吊装。

由于U形结构内部无支撑，需加设补强杆。其吊点布置如图6-5所示，将1根ϕ15mm×10m钢丝套两端分别用DG4锁于主弦杆上部节点，钢丝套中间挂于汽车吊吊钩；将另1根ϕ15mm×10m钢丝套两端分别用DG4锁于斜腹杆，钢丝套中间挂于汽车吊吊钩。

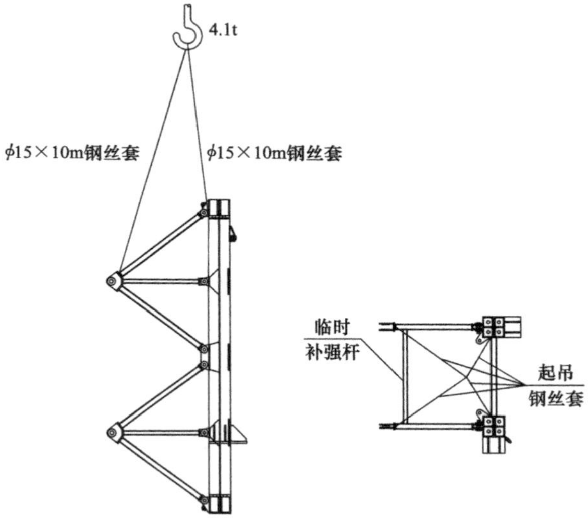

图6-5 套架节U形结构吊装吊点布置示意图

套架节U形单片吊装完毕后，中间斜腹杆支架用ϕ70mm销轴连接。每侧均安装两根防扭杆，完成套架节的安装。

套架下承台由4个U形框架和2根连接梁组成。先吊装4个U形框架，再安装2根连接梁。U形框架采用三点吊装方式，其中两点连接在吊耳上，另一点用钢丝套缠绕在主杆上。U形框架吊装时需注意油缸连接法兰侧在靠近塔心侧。

套架下承台安装完成后，分别安装两侧的顶升油缸（每侧4个，共8个）。

套架上承台由4个框架和4根横梁组成。先吊装4个框架，再安装4根连接梁。框架采用四点吊装方式，其中两点连接在吊耳上，另两点用钢丝套缠绕在主杆上。框架吊装完成后从下向上安装横梁。

（三）抱杆过渡段

抱杆过渡节截面中心尺寸 4m×4m，高 2.12m，重约 10.7t。

过渡节由两个半框组成，在地面将两个半框组装成一体，采用 2 根 ϕ26mm×8m 钢丝套吊装。过渡节吊点布置如图 6-6 所示，DG8 锁于上立柱筋板孔 ϕ35mm 上，钢丝绳两端分别与 DG8 卸扣连接，中间挂于履带吊吊钩。

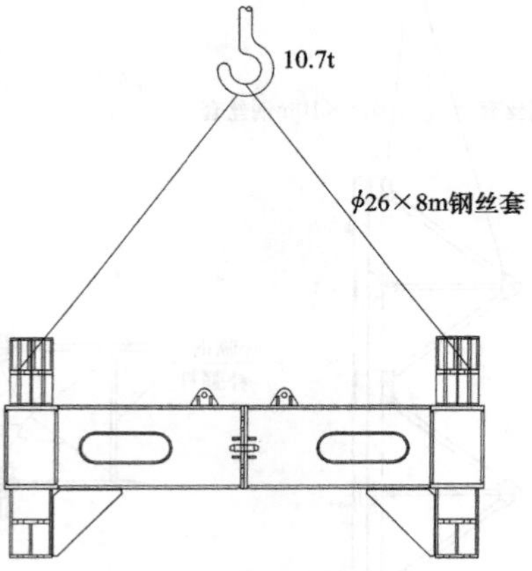

图 6-6 过渡节吊点布置示意图

三、专用抱杆头部安装

（一）下支座

下支座高 3m，重约 20.6t。采用 2 根 ϕ26mm×8m 钢丝套吊装，DG8 锁于上立柱筋板孔 ϕ35mm 上，如图 6-7 所示。钢丝绳两端分别与 DG8 卸扣连接，中间挂于履带吊吊钩。

（二）上支座

上支座重约 12t，回转重约 3.5t，总重约 15.5t。采用四点吊装方式，采用 2 根 ϕ26mm×8m 钢丝套吊装，DG8 锁于上立柱筋板孔 ϕ35mm 上，如图 6-8 所示。钢丝绳两端分别与 DG8 卸扣连接，中间挂于履带吊吊钩。

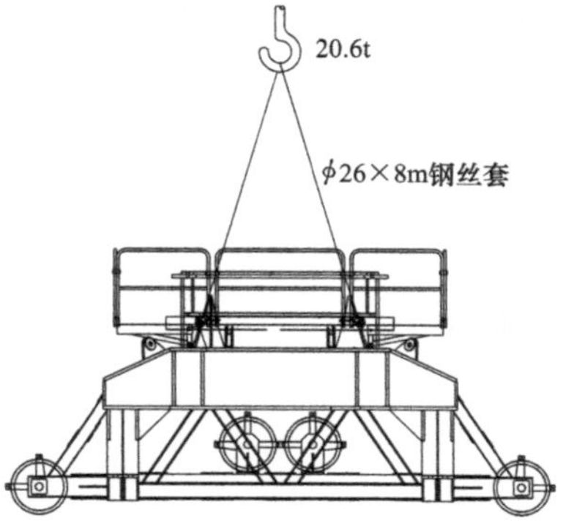

图 6-7 下支座吊点布置示意图

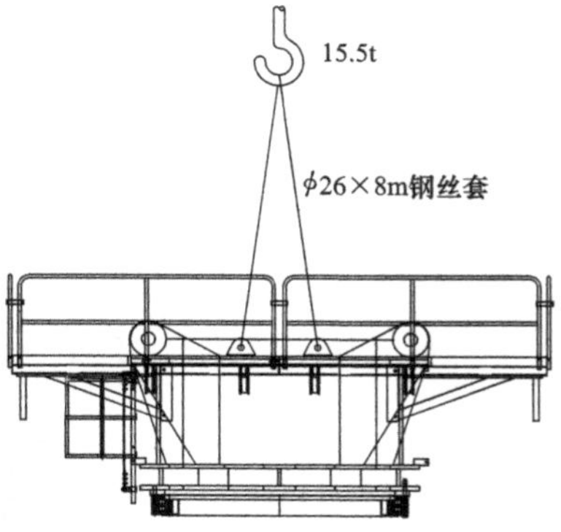

图 6-8 上支座吊点布置示意图

（三）回转塔身

回转塔身高 4.6m，重 19.8t，整体一次吊装。

在地面先把回转塔身组装成整体，选用 2 根 $\phi26\times8$m 钢丝绳作起吊绳，卸扣选用 DG16，分别锁于回转塔身两侧的 4 个销轴连接孔 $\phi135$mm 上，如图 6-9 所示。

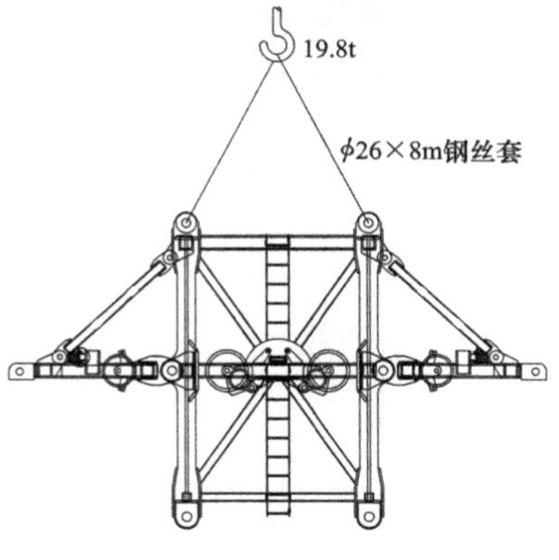

图 6-9 回转塔身吊点布置示意图

（四）抱杆塔顶

塔顶高 24.8m，重 24.2t，整体一次吊装。

在地面先把抱杆塔顶组装成整体，选用 2 根 $\phi26$mm$\times8$m 钢丝绳作起吊绳，卸扣选用 DG16，分别锁于塔顶两侧的 4 个吊装用孔 $\phi50$mm 上，如图 6-10 所示。起吊时，利用汽车吊协助离地。塔顶的滑轮轴按横线路布置。

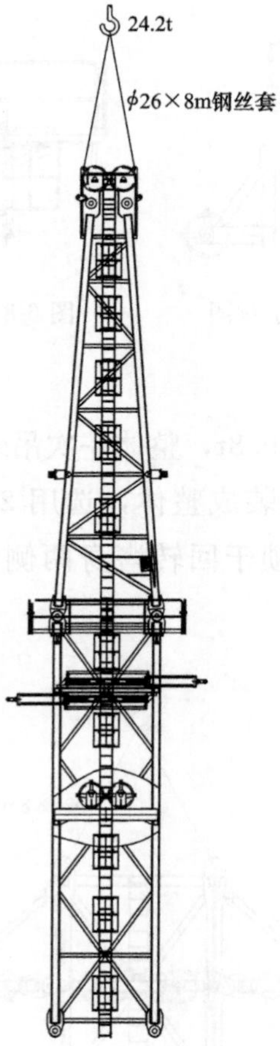

图 6-10 抱杆塔顶吊点布置示意图

（五）起重臂

待抱杆塔顶吊装完成后，起吊抱杆两个起重臂。起重臂长 42m，重约 33.9t。

起重臂采用两台履带吊在两侧同时吊装，场地布置如图 6-11 所示。在地面支垫道木，使起重臂离地 1m 后进行整体组装，并带上内外拉杆及变幅机构、变幅小车（小车用钢丝绳固定在臂根），穿好变幅绳。

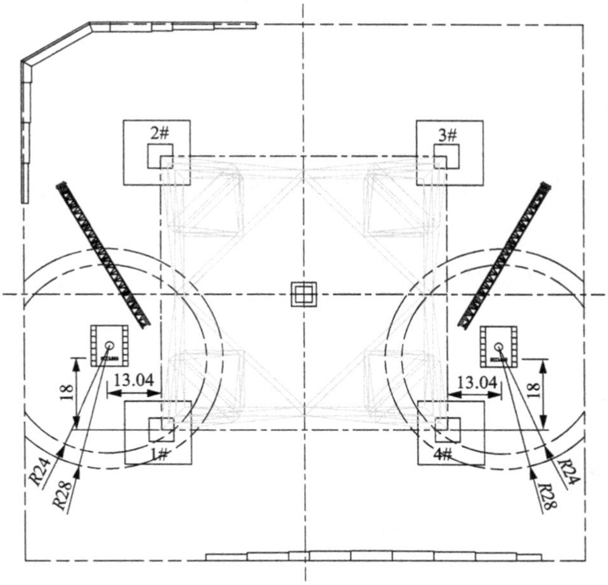

图 6-11 履带吊吊装起重臂场地布置示意图

两侧起重臂分别组装于 400t 履带吊布置位置的两个侧面，控制起重臂重心（履带吊吊钩）位于以履带吊为中心内径 24m、外径 28m 范围的圆环内。

起重臂吊装布置如图 6-12 所示。

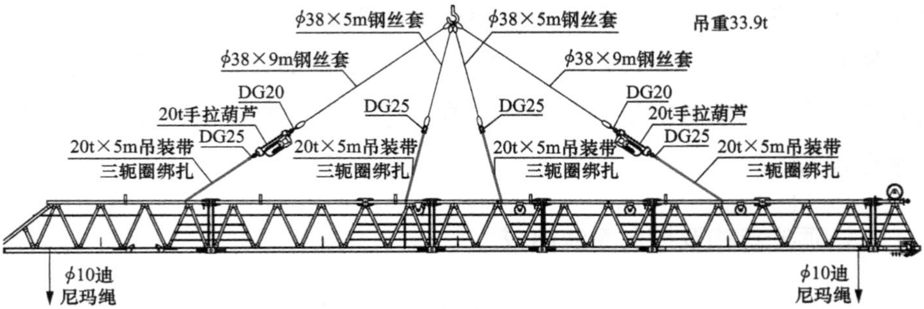

图 6-12 起重臂吊装布置示意图

任务二　专用抱杆顶升

【任务描述】

本任务主要讲解跨海铁塔组立专用抱杆液压顶升等内容。通过文字叙述、原理分析、结构介绍、图解示意等，了解专用抱杆液压顶升机构及控制系统组成，熟悉抱杆液压顶升操作流程步骤，掌握抱杆液压顶升操作方法等内容。

【知识要点】

（1）专用抱杆液压顶升机构及控制系统组成。

（2）专用抱杆液压顶升操作方法。

【技能要领】

一、专用抱杆总体顶升方式

专用抱杆顶升采用液压下顶升方式，通过顶升套架，在最下节标准节与底座间加装标准节，以顶高抱杆。

跨越塔 281.5m 以下吊装时，抱杆底座直接坐于地面基础上，顶升套架也安装于地面基础上，抱杆顶升作业全部在地面进行。

跨越塔 281.5m 以上吊装时，在 220m 塔身隔面设置高空作业钢结构平台，抱杆底座及顶升套架全部安装于高空平台上，抱杆顶升作业全部在高空平台进行。

二、顶升机构及控制系统组成

液压顶升采用 8 只顶升油缸，通过位移传感器、同步泵站、同步控制器的联系控制操作，实现 8 只油缸的同步顶升。结构及控制系统如图 6-13、

图 6-14 所示。

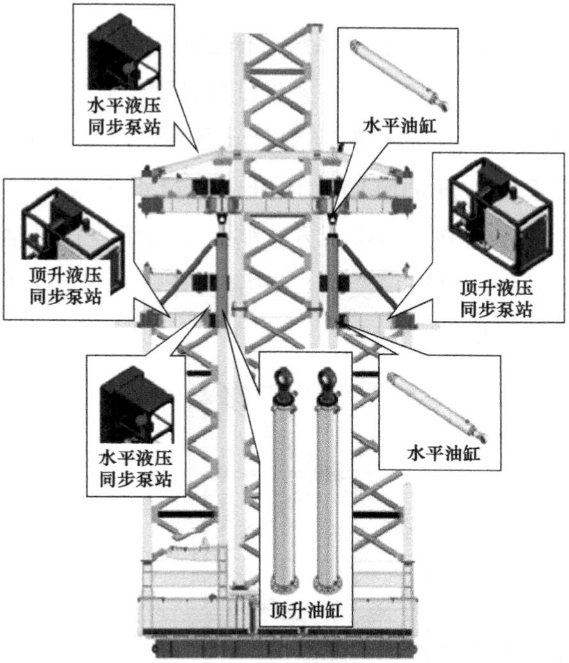

图 6-13　抱杆液压顶升结构示意图

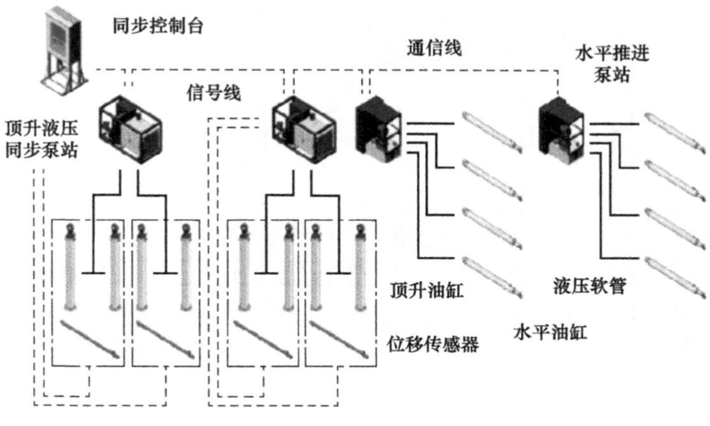

图 6-14　抱杆液压顶升控制系统图

三、专用抱杆顶升操作步骤及方法

抱杆顶升前，应检查液压顶升系统工作是否正常，8个油缸是否同步，上、下承台的顶升踏步梁伸缩是否自如，且保证顶升踏步梁在标准节踏步下方。

顶升时，如图 6-15 所示，安装在上承台的踏步梁先伸入标准节踏步下方，到位后操作垂直顶升油缸向上顶升。通过水平泵站，驱动顶升横梁，将顶升横梁推进至标准节内踏步下方。略微驱动垂直顶升油缸，进行预顶，确保上承台的4根踏步梁全部受力，开始顶升，通过垂直同步泵站确保顶升时的互相平衡与同步。

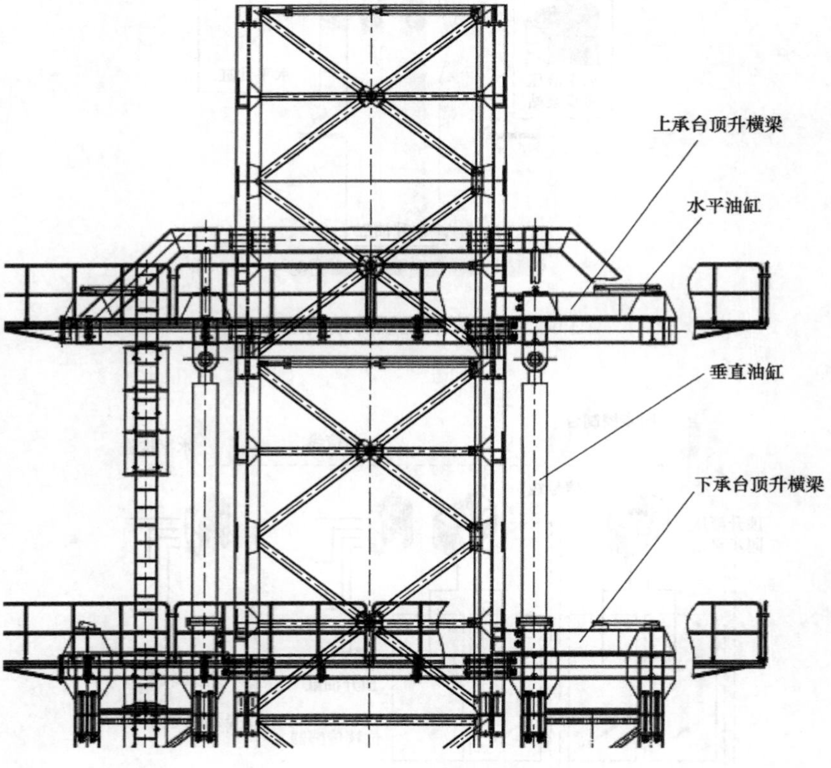

图 6-15　专用抱杆液压顶升操作示意图

待垂直顶升油缸一个行程顶升完毕（最大行程 3.5m），将下承台的水平横梁用水平油缸驱动，将顶升横梁推进至标准节内踏步下方。回缩垂直顶升油缸，直至下承台顶升横梁与踏步完全接触，继续回缩垂直顶升油缸，直至上承台的顶升横梁可置于下一档的踏步之下。

循环此过程两次，直至抱杆标准节下部空间高度满足加装标准节的安装要求。至此，一个标准节顶升完成。具体的操作流程步骤如图 6-16 所示。

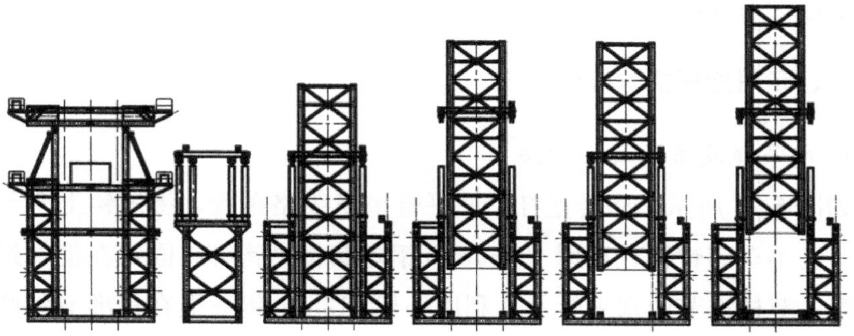

图 6-16　专用抱杆液压顶升操作流程步骤图

任务三　专用抱杆拆除

》【任务描述】

本任务主要讲解跨海铁塔组立专用抱杆拆除等内容。通过文字叙述、图解示意等，了解专用抱杆的拆除步序，掌握专用抱杆拆除方法等内容。

》【知识要点】

(1) 专用抱杆拆除步序。

(2) 专用抱杆拆除操作方法。

》【技能要领】

一、专用抱杆拆除步序

专用抱杆在完成全塔吊装后开始拆除作业，按下述步序拆除抱杆：拆除起吊绳及吊钩→穿好收臂钢丝绳→收起双臂并固定→按抱杆提升逆序拆除21节标准节→拆除两侧平臂（每侧平臂分两组拆除）→拆除塔顶塔帽节→拆除塔顶标准节→拆除回转塔身→拆除上支座（含回转支承）→拆除下支座→拆除过渡节→拆除5节标准节→拆除套架上承台及液压顶升油缸→拆除最后2节标准节→拆除上承台及套架节→拆除抱杆底座。

二、专用抱杆拆除操作方法

1. 起吊绳及吊钩拆除方法

如图6-17所示，回转抱杆，使平臂呈横线路布置，将吊钩上升至最高处，移动小车到臂根，利用 ϕ21.5mm钢丝套将吊钩绑扎固定在抱杆过渡段下方第一节标准节的水平管上。利用一根 ϕ13mm钢丝绳在标准节外侧先将一侧平臂的起吊绳提松，然后拆除起吊绳在臂尖处的连接。继续利用 ϕ13mm钢丝绳穿引 ϕ26mm起吊绳用于收臂，其走向为牵引机→地面导线滑车→下支座引出梁导向滑车→下支座内导向滑车→塔顶收臂双轮滑车→平臂上弦杆收臂双轮滑车→塔顶预留耳板锁头。其中塔顶收臂双轮滑车→平臂上弦杆收臂双轮滑车之间穿引成四道滑车组。如此完成一侧平臂的起

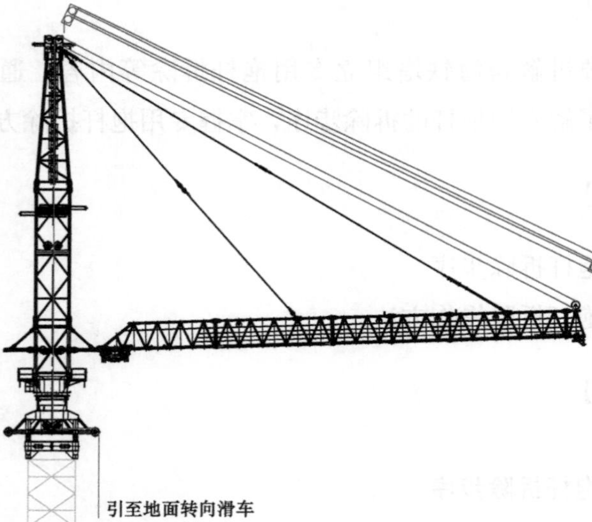

图6-17 平臂拆除布置示意图

吊绳拆除及收臂滑车组准备。用上述方法，完成另一侧平臂的起吊绳拆除及收臂滑车组准备。

2. 收臂过程

收臂时必须两侧同时进行，并尽量保持同步，牵引机应缓慢牵引，直至平臂与塔顶相碰为止。将两侧平臂用钢丝绳绑在一起固定好，拉杆也用钢丝绳绑在塔顶处。随平臂幅度的上升，应密切注意内外拉杆的松弛下垂情况，防止拉杆压碰变幅电机或被平臂上弦杆压磨。

拆除内外拉杆与塔顶的连接，并将其绑扎固定在平臂上。

将其中一根 ϕ26mm 收臂钢丝绳在下支座处临时锚固，取出塔顶中心的余线回出至抱杆外侧，锚固于塔身上，用于穿引拆卸滑车组。另一侧起吊钢丝绳通过 ϕ16mm 尼龙绳拆放至地面。

3. 抱杆拆除

采用液压顶升逆次序下降抱杆。

将影响抱杆下降的腰环在抱杆下降到相应位置时分别予以拆除，腰环拆除按其安装的逆次序进行。抱杆下降前应预先将安全网拆除。

抱杆下降过程共需拆除标准节 21 节，此时抱杆上支座位于 8 段水平隔面，剩 YH13 和 YH15 两道腰环。

抱杆拆除滑车组布置在塔身 5 段下球节点位置（高度 345m）的抱杆拆卸施工板上，根据施工平台结构，抱杆布置在顺线路方向拆除。如图 6-19 所示，在 2＃～3＃腿的抱杆拆卸施工板上穿设一根

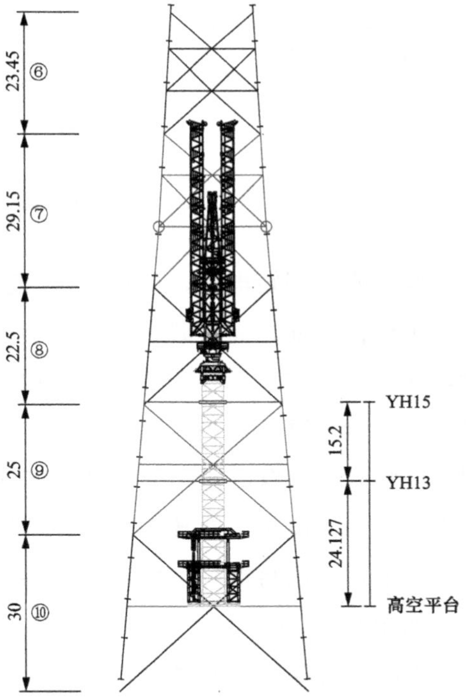

图 6-18 抱杆拆除时下降位置

ϕ34mm×33m 钢丝套，钢丝套中间挂于 25t 单轮滑车的滑轮上。1＃～4＃腿上的抱杆拆卸施工板穿设一根 ϕ34mm×29m 钢丝套＋16t 三轮滑车组，其中 16t 三轮滑车组穿设 ϕ15mm 钢丝绳，引至布置在横担 4 段平台上的 5t 绞磨；ϕ34mm 钢丝套中间挂于 25t 单轮滑车的滑轮上。两个 25t 单轮滑车锁在 25t 二联板上。二联板下方连接 25t 双轮滑车组，用于挂设抱杆待拆段。

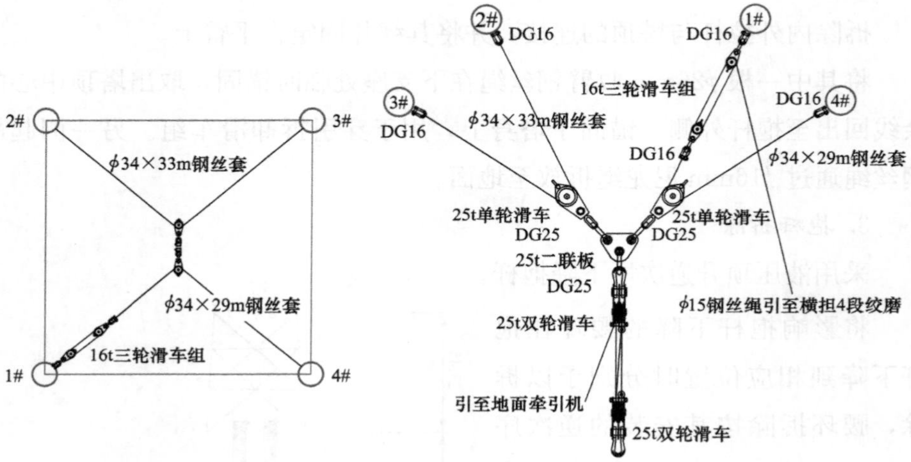

图 6-19 抱杆拆除滑车组布置示意图

操作抱杆回转电机，回转 90°，使平臂呈顺线路布置。

平臂拆除前，需将载重小车的检修吊篮先行拆除。平臂逐侧分两组拆除，从内往外臂节 1 和臂节 2 组成内组，剩下的组成外组。先用拆卸滑车组收紧一侧平臂，适当收紧磨绳。拆除臂节 2 与臂节 3 的铰接点后，回松起吊绳将外组平臂降至地面，然后按同样方法拆除内组。一侧平臂拆除后，操作抱杆回转电机，回转 180°，用同样方法拆除另一侧平臂。

用上述方法将抱杆本体逐段拆除。拆除上支座时，需将平台拆除一部分，如图 6-20 所示。

拆除抱杆时平台布置如图 6-21 所示，需从起吊侧（即册子岛大号侧，金塘岛小号侧）缓慢降落。

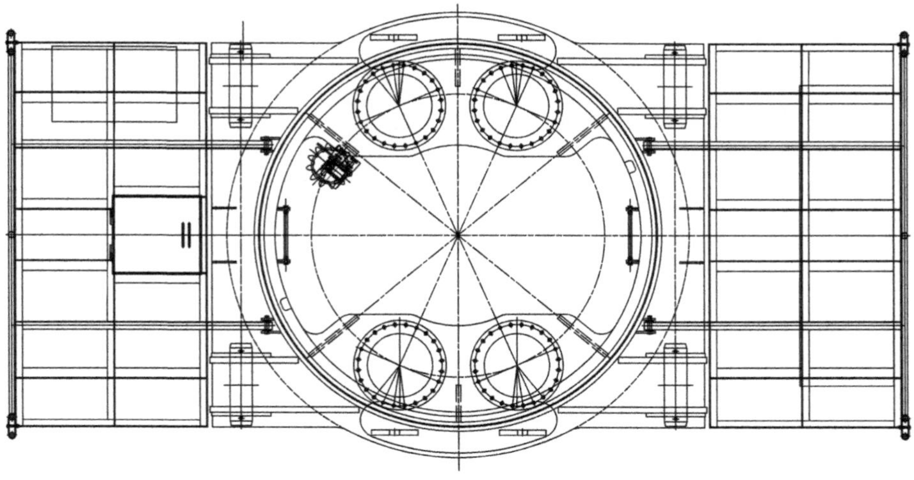

图 6-20　上支座拆除时平台设置图

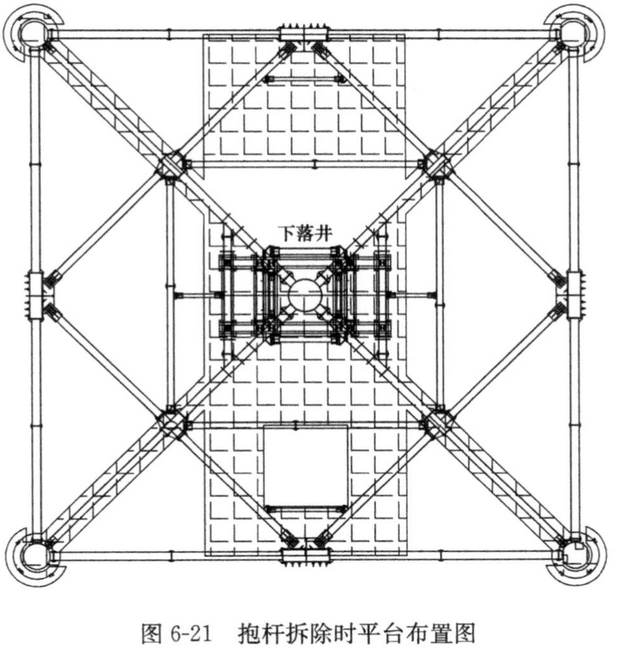

图 6-21　抱杆拆除时平台布置图

项目七

跨海铁塔吊装方法

【项目描述】

本项目介绍跨海铁塔组立通用工艺要求、身部及头部横担各段吊装步骤及方法等内容。通过任务描述、知识要点、技能要领等，了解跨海铁塔吊装的通用工艺要求，熟悉履带吊吊装时的布位及专用抱杆吊装时的吊件布置要求，掌握主管就位控制拉线布置、不同结构构件的吊装点绑扎方法等内容。

任务一　跨海铁塔吊装通用工艺要求

【任务描述】

本任务主要讲解跨海铁塔组立主管吊装、就位控制拉线、吊装带使用等通用工艺内容。通过文字叙述、原理介绍、图解示意等，了解不同的就位控制拉线形式，熟悉吊装带使用安全注意事项，掌握控制拉线布置方法等内容。

【知识要点】

（1）主管吊装方法。

（2）就位控制拉线布置。

（3）吊装带使用。

【技能要领】

一、主管吊装

（一）主管内骨架安装

塔身135m以下主管内需安装角钢骨架，角钢骨架采用4根规格相同的主角钢，另配连接材，主角钢外皮断面尺寸为1000mm×1000mm。结构设计已按主管长度单配考虑，其分节与主管的分段一致，角钢骨架的连接采用内外包角钢及内加长螺杆方式。

各主管内的角钢骨架及配件，按主管分段，在地面组装为整体，先将主管吊装呈直立状态，然后整体吊装角钢骨架，由主管上口插入主管内部。如图 7-1 所示，起吊绳选用两根 ϕ15mm×3m 钢丝套，钢丝套两端用卸扣锁于四根主角钢的节点下方，钢丝套中间挂于吊钩；吊装到位后，人员进入主管内部进行骨架与主管内壁的支撑附件安装及固定。注意：支撑附件连接孔为腰形长孔，安装时，骨架应利用吊钩尽量向上提，避免骨架由于自重下沉形成尺寸累计差后影响上节骨架安装。

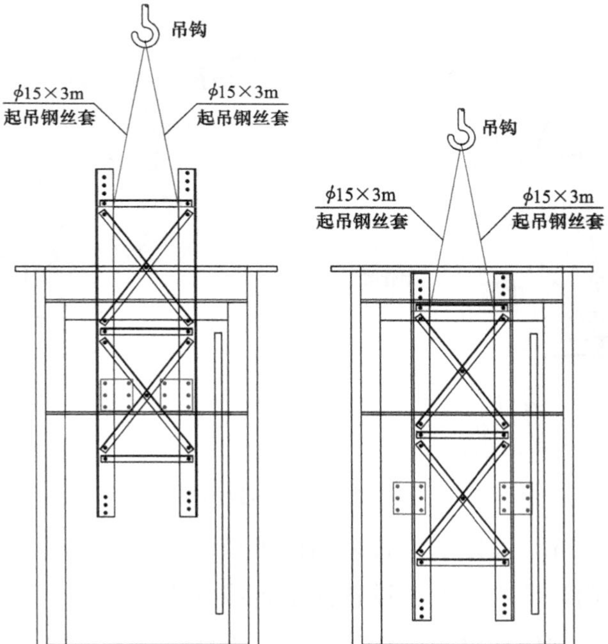

图 7-1 主管内角钢骨架吊装布置示意图

（二）主管吊装

主管吊装布置如图 7-2 所示，吊装采用专用吊具，吊具共 4 副，沿主管 45°对中方向左右各布置 2 副。第一副可直接安装在主管 45°中心垂直线的法兰螺栓孔上；第二副需错开 2 只螺栓孔安装于主管 45°外侧，以保证起吊后主管呈内倾状态，便于安装就位。起吊绳选用定长钢丝套，沿 45°对中方向左右各布置一根。钢丝套两端分别连于吊具，中间挂于吊钩上。

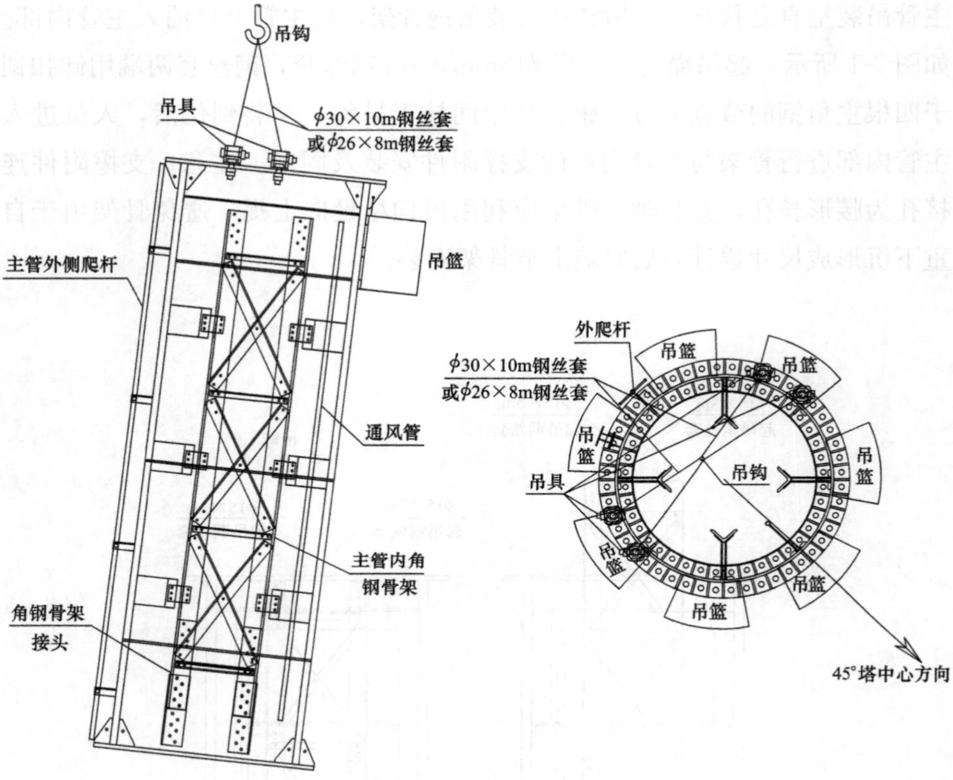

图 7-2 主管吊装布置示意图

8 段（281.5m）及以下主管采用内外双圈法兰，其就位安装时，对外圈法兰，可利用设计在节点处设置的平台或挂设施工吊篮，高空人员在管外进行就位安装操作；对内圈法兰，可在外法兰完成 1/3 螺栓安装后，人员由主管上口进入管内法兰下方站位平台，进行内圈法兰螺栓安装。

注意：为保证后续水平管、八字斜管吊装就位时主管倾斜度调整的顺利，主管法兰螺栓就位安装与紧固时，应先安装并紧固 45°塔身外侧面的 1/4 数量法兰螺栓，45°塔身内侧面的 3/4 数量法兰螺栓可以安装但不宜紧固过紧。待每吊装分段的水平管、八字斜管就位完成、无需再调整主管倾斜度时，方可紧固该吊装分段的所有主管法兰螺栓。

8 段以上的主管仅有外法兰，其就位安装，利用在节点处设置的平台或挂设施工吊篮，由高空人员在管外进行安装操作。

二、就位拉线控制形式

由于塔身主管对塔中心 45°方向呈有一内倾坡度（6.7746°），吊装完成后，受管件自重影响，主管必定向塔中心偏倾，造成水平管及斜管的就位根开变小，影响安装。实际安装时，必须采取相应措施，对主管倾斜度进行调整，保证就位根开满足安装要求。为此，根据高塔结构尺寸及地形位置特点，采用不同的控制拉线形式。

（一）外拉线形式

两基高塔塔身 8 段（281.5m）及以下的主管，在外拉线锚桩距离满足要求的情况下，宜采用外拉线形式调整主管倾斜度。

外拉线采用钢丝绳连于主管顶部引至塔身 45°方向外侧的地面直接收紧后调整。具体设置方法如图 7-3 所示：配 ϕ38mm 钢丝绳（单根长度 80m，根据拉线地锚距离，随铁塔高度增加，可接长多根）作为总千斤，上端通过 25t 吊点滑车、对折的 ϕ30mm×6m 钢丝套及两只 T-BW12.5-1 型卸扣与主管上法兰 45°外侧筋板孔相连，下端采用 ϕ15mm×600m 钢丝绳及两只 25t 三轮环闭滑车，组成 3-3 滑车组走 7 道磨绳，尾绳经 8t 单轮环开导向滑车引至 5t 机动绞磨收紧。为防止收紧滑车组由于钢丝绳扭劲发生翻转，在上滑车连接卸扣处安装一根重锤挂杆，以加挂平衡重锤。

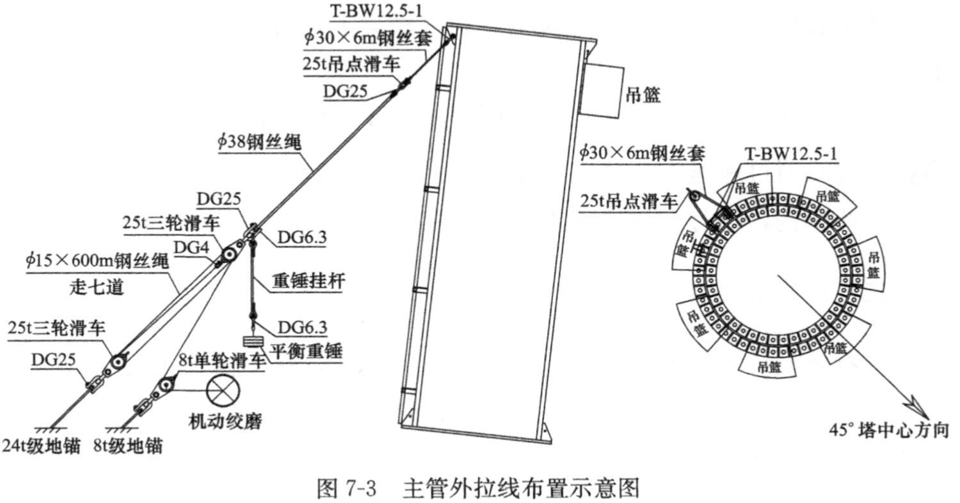

图 7-3　主管外拉线布置示意图

（二）变幅式拉线形式

金塘岛侧高塔的2＃腿、4＃腿及册子岛侧高塔的1＃腿，由于地形位置受限，外拉线锚桩距塔脚中心仅75～85m左右，对于塔身14段下半段（67.4m）及以上的主管，外拉线对地夹角偏大，主管倾斜度调整效果不明显。结合实际地形条件，该三条腿塔身14段下半段至8段（67.4～281.5m）的主管倾斜度调整采用变幅式拉线。

变幅式拉线形式类似于履带吊机的塔式工况，在待调节主管的节点外设置变幅抱杆，抱杆顶端的上侧用钢丝绳连接主管顶部，抱杆顶端下侧用钢丝绳直引至正下方位置的地面锚桩，在地面收紧钢丝绳，通过抱杆的变幅调节主管的倾斜度。

如图7-4所示。变幅式拉线借助已经组立好的平台或K节点（稳定结构）安装变幅式抱杆（主管外侧45°方向上），并使抱杆与拉线基本垂直，再从抱杆头部与地面的地锚之间设置变幅滑车组，从而实现拉线调整作业在地面进行。拉线调整时，先通过地面机动绞磨预紧后，再采用链条葫芦来调整，从而实现主管倾斜度的调整。

（三）调节横梁形式

对于塔头（7～5段）部分的塔身主管，考虑高度较高及塔身断面根开相对较小，采用横梁形式调整主管倾斜度。调节横梁形式采用在就位段的两相邻主管顶部安装一副钢构横梁，利用横梁上设置的顶撑双钩进行主管倾斜度调整。

调节横梁布置如图7-5所示，其两端侧套于导套内，横梁可在导套内滑移，导套通过底座安装固定在主管法兰上，导套与横梁端头连接水平布置的顶撑双钩，通过双钩的顶撑作用可直接调节主管间的水平根开。

三、吊装带使用

为有效保护管件外层的航空警示漆及镀锌层，选用圆形吊装带作为水平管、斜管、横担等构件的吊装吊绳，共配置了30t、25t、20t、15t、10t、5t六个吨位等级。

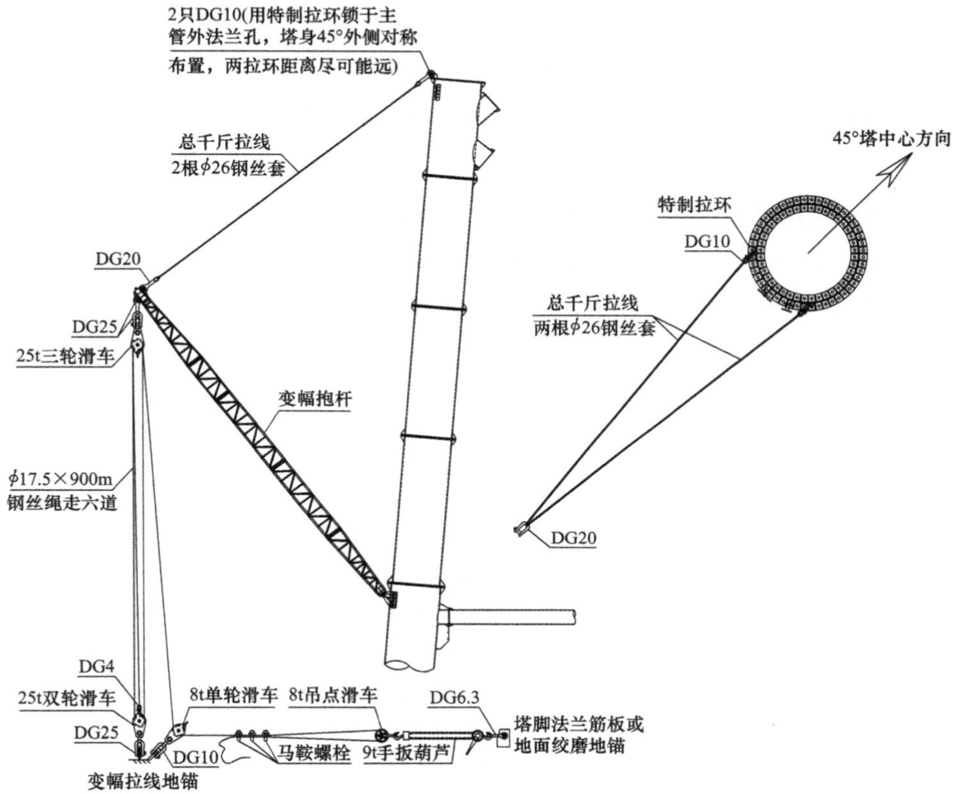

图 7-4　变幅式拉线工作示意图

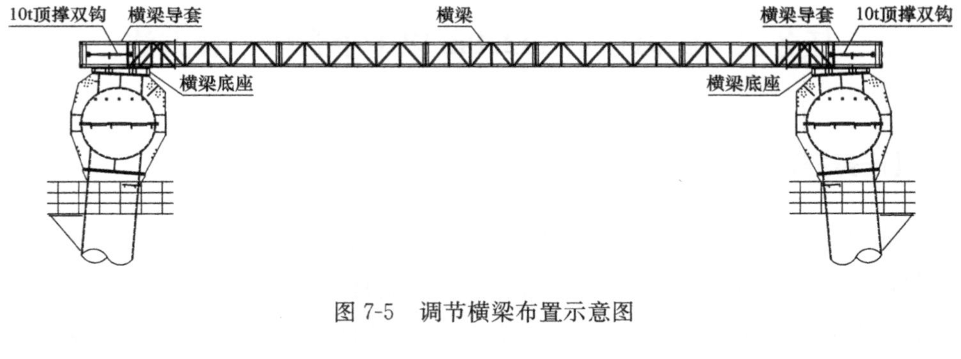

图 7-5　调节横梁布置示意图

为使吊装带受力均匀，使用时必须注意：

（1）起重葫芦、钢丝绳等与吊装带连接时，中间应加相应规格的卸扣，并保证卸扣的横销与吊装带连接，卸扣的弓背与葫芦或钢丝绳连接。

（2）吊装通过轭圈形式绑扎固定时，也应采用相应规格卸扣，保证卸扣的横销与吊装带绳环连接，禁止卸扣的弓背与绳环与吊装带绳环连接。

（3）连接卸扣的吨位等级规定：5t 吊装带不得低于 DG8；10t 吊装带不得低于 DG16；15t 吊装带不得低于 DG20；20t 吊装带不得低于 DG25；25t 吊装带不得低于 DG32；30t 吊装带不得低于 DG40。

（4）吊装带与管件的绑扎应采用双匝轭圈形式连接，如图 7-6 所示。

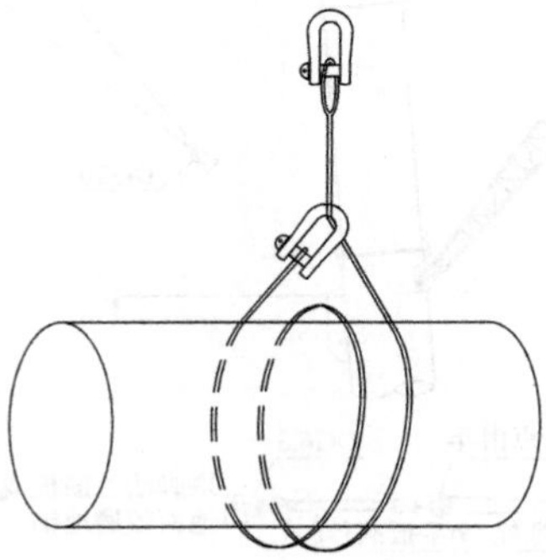

图 7-6　吊装带双匝轭圈连接形式示意图

任务二　跨海铁塔 112.8m 以下平台段吊装方法

【任务描述】

本任务主要讲解跨海铁塔 112.8m 以下平台段利用 400t 履带吊分解吊装等内容。通过文字叙述、图解示意等，了解履带吊组立铁塔的工况选择，熟悉履带吊组立铁塔的现场停机布位，掌握跨海铁塔 112.8m 以下各段构件吊装先后次序及吊装点绑扎方法等内容。

【知识要点】

(1) 履带吊吊装作业的特点。

(2) 跨海铁塔组立履带吊工况选择及现场停机布位。

(3) 跨海铁塔 112.8m 以下平台段吊装方法。

【技能要领】

一、履带吊吊装作业特点

履带吊是履带式起重机的俗称，是具有履带行走装置的全回转动臂架式起重机。根据不同吊装作业要求，可选用主臂、副臂、塔式、超起等各类作业工况，具有稳定性好、起重高度高、作业幅度大、吊装重量重等优点，且防滑性能好，可以吊重行走，对路面要求低，具有较强的吊装适应能力。

二、跨海铁塔 112.8m 以下平台段吊装履带吊工况选择

跨海铁塔 112.8m 以下平台段，由 15 段、14 段、13 段下半段三部分组成，基于三部分塔段的结构特点及构件重量尺寸，按照各自然段依次由下向上，先吊主管、后吊水平管、再吊八字管、最后吊内隔面管的吊装顺序，结合履带吊的总体布置位置考虑，从提高工效、保证安全可靠性与经济合理性出发，经过技术经济分析，选用两台 400t 履带吊。履带吊的工况选择见表 7-1。

表 7-1　400t 履带吊吊装跨海铁塔工况选用表

<table>
<tr><th>段别</th><th>吊装高度</th><th>吊装范围</th><th>履带吊工况选用</th></tr>
<tr><td>15 段</td><td>41m</td><td>全部塔材</td><td rowspan="2">主臂（H）工况：主臂长度 78m，中央配重 40t，后配重 155t，选用 100t 吊钩（吊钩重量 2.8t）</td></tr>
<tr><td rowspan="2">14 段下半段</td><td rowspan="2">66.4m</td><td>主管、水平管、八字管</td></tr>
<tr><td>隔面管及 V 面管</td><td rowspan="3">塔式（LJD）工况：主臂 72m＋变幅副臂 57m＋超起桅杆 30m，中央配重 40t，后配重 135t，选用 100t 吊钩（吊钩重量 2.8t）</td></tr>
<tr><td>14 段上半段</td><td>88.5m</td><td>主管、倒八字管</td></tr>
<tr><td>13 段下半段</td><td>112.8m</td><td>主管、水平管、八字管</td></tr>
</table>

三、跨海铁塔 15 段吊装

（一）主管吊装

履带吊吊装 15 段主管场地布置如图 7-7 所示，两台履带吊均选用 H78 主臂工况，分别布置在塔腿连线中间，待起吊的主管放置在以履带吊回转中心为圆心、半径分别为 12m 和 28m 的圆环内，满足吊装半径要求。

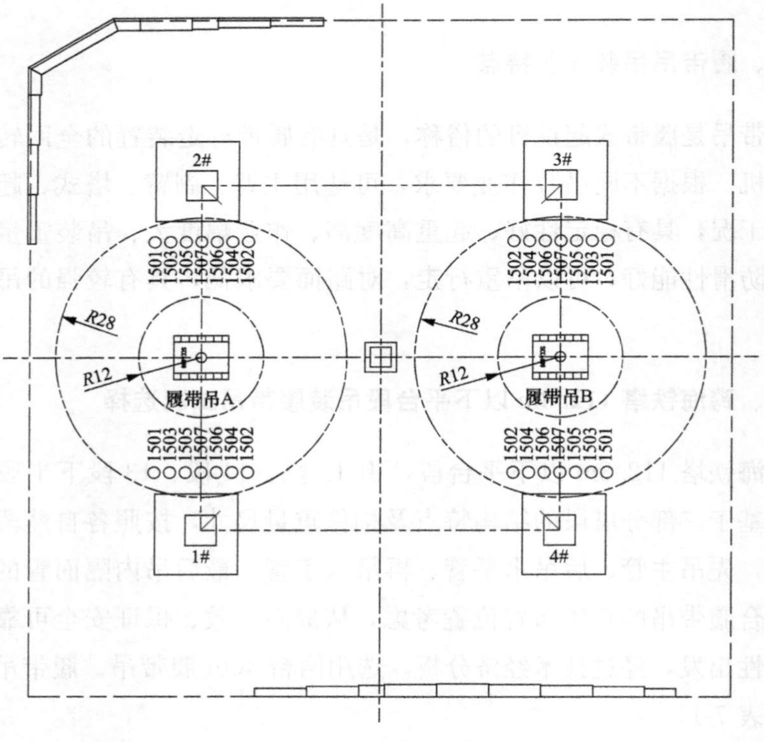

图 7-7 履带吊吊装 15 段主管场地布置示意图

（二）水平管及八字管（三个侧面）吊装

15 段水平管 7 节组成一体，总长 58. 34m，总重 24. 6t。为防止水平管两端就位后中间下沉，在水平管两端螺栓就位后，需在中间位置用履带吊将水平管拎住。水平管就位后即用另一台履带吊安装八字管。

履带吊吊装 15 段小号侧水平管及八字管场地布置如图 7-8 所示。

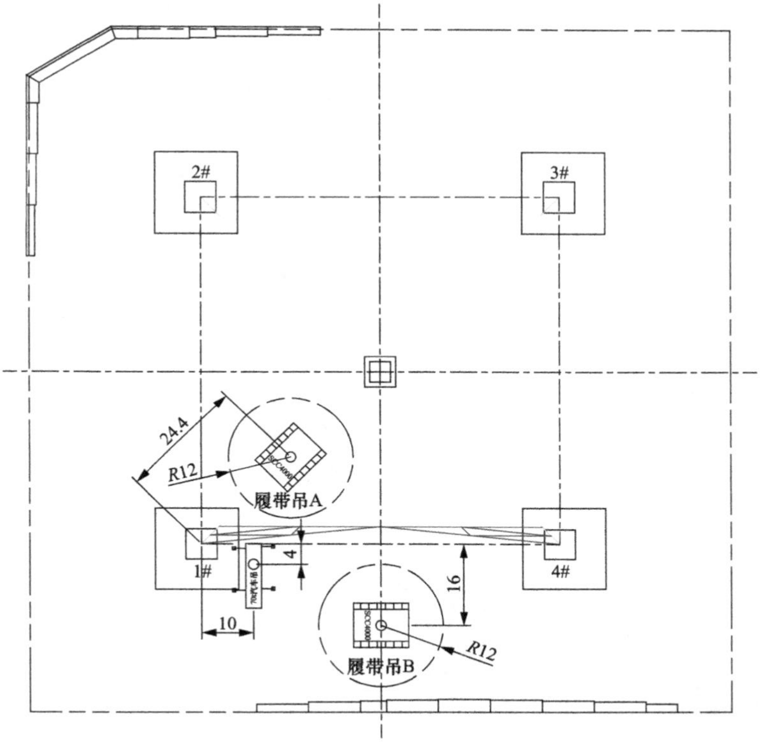

图 7-8　履带吊吊装 15 段小号侧水平管及八字管场地布置示意图

水平管采用四点起吊方式，吊装布置如图 7-9 所示。

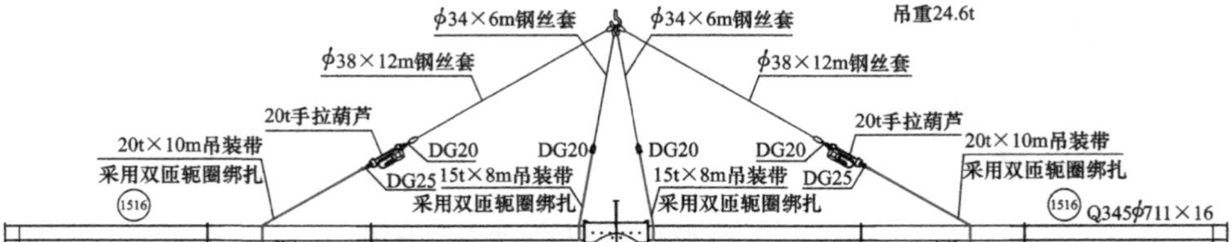

图 7-9　15 段水平管吊装布置示意图

水平管两端法兰就位后，履带吊 A 吊钩继续保持受力，并将水平管中心向上抬起约 100mm。履带吊 B 和汽车吊采用抬吊的方式相继吊装 1＃腿侧和 4＃腿侧八字管，如图 7-10 所示。每侧的八字管均由 5 节组成整体，长度 49.1m，重约 31.2t。

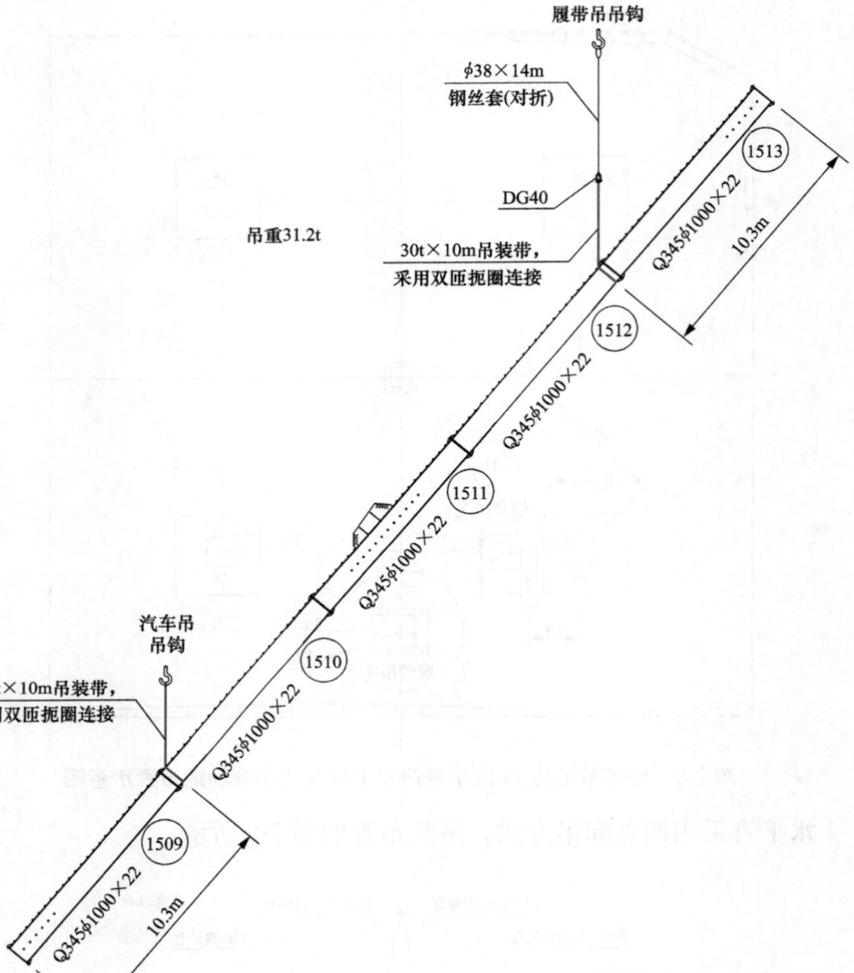

图 7-10　15 段八字管吊装布置示意图

（三）隔面管及 V 面管（先吊侧）吊装

先吊侧的两腿 V 面管利用履带吊吊装，场地布置如图 7-11 所示。

采用两点吊装方式，先吊装 V 面下水平管，再吊装隔面水平管。V 面上水平管及八字管组成整体吊装，采用四点起吊方式，吊装布置如图 7-12 所示。

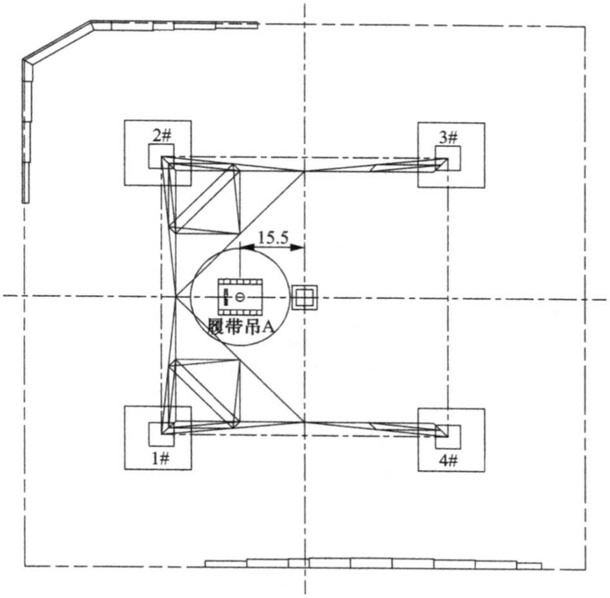

图 7-11　履带吊吊装 1＃、2＃腿 V 面管场地布置示意图

（四）水平管及八字管（最后一个侧面）吊装

吊装最后一个侧面的水平管及八字管时，场地布置如图 7-13 所示，履带吊退出塔身，停于塔身外侧。先用履带吊 B 吊装水平管，履带吊 B 保持收紧并将水平管中心向上抬起约 100mm。用履带吊 A 和汽车吊配合吊装 4＃腿侧的八字管。安装就位后，履带吊 B 松钩，履带吊 A 挂住水平管起吊绳收紧。用履带吊 B 和汽车吊配合吊装 3＃腿侧的八字管。吊点布置形式同前。

（五）隔面管及 V 面管（后吊侧）吊装

在地面组装成一体后，由停于塔身内侧的汽车吊吊装隔面管及 V 面管（后吊侧）。

四、跨海铁塔 14 段下半段吊装

（一）主管吊装

跨海铁塔 14 段下半段主管吊装场地布置如图 7-14 所示，两台履带吊仍选用 H78 主臂工况，履带吊 A 吊装 1＃、4＃腿主管，履带吊 B 吊装 2＃、3＃腿主管。

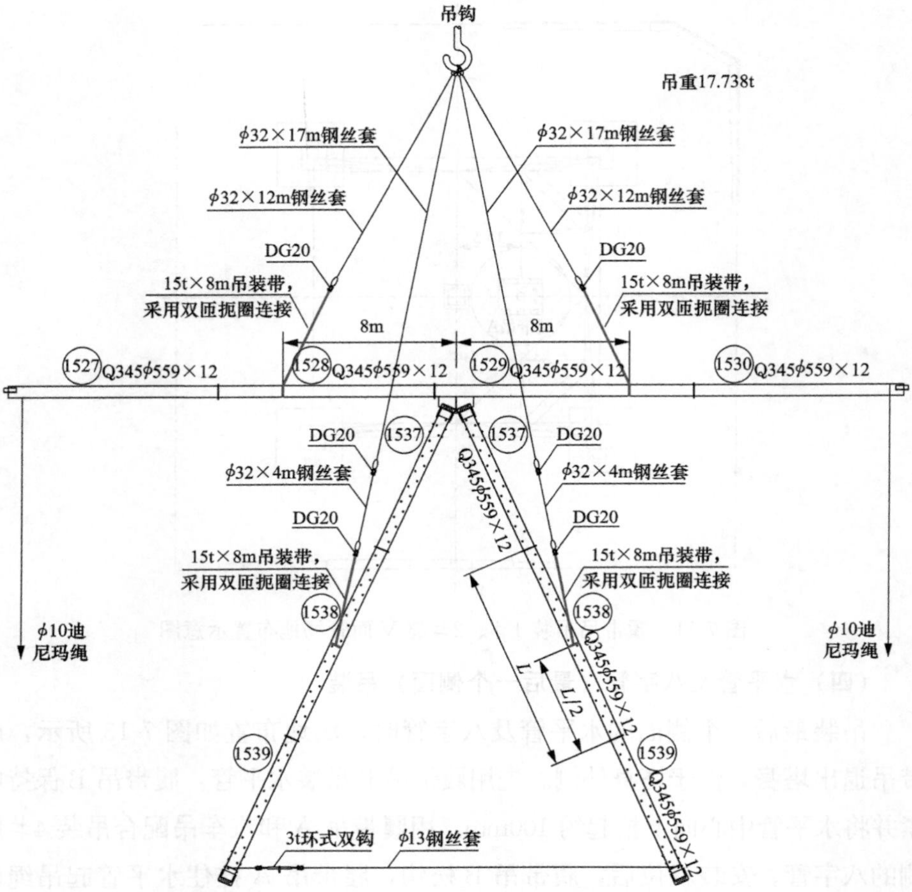

图 7-12 15 段 V 面上水平管及八字管吊装布置示意图

（二）水平管及八字管吊装

在地面将水平管组装成整体，重约 22.3t，长度 54.7m；将八字管组装成整体，重约 20.2t，长度约 36m。

水平管采用四点起吊，其吊装布置如图 7-15 所示。

八字管采用两点起吊，其吊装布置如图 7-16 所示。

由履带吊 A 吊装水平管，水平管两端就位后，履带吊 A 吊钩继续受力，并将水平管中心抬起约 100mm。履带吊 B 吊装同侧八字管，待一侧八字管就位后，履带吊 A 松钩，履带吊 B 吊钩吊住水平管并往上将水平管中心抬起。履带吊 A 吊装另一侧八字管。

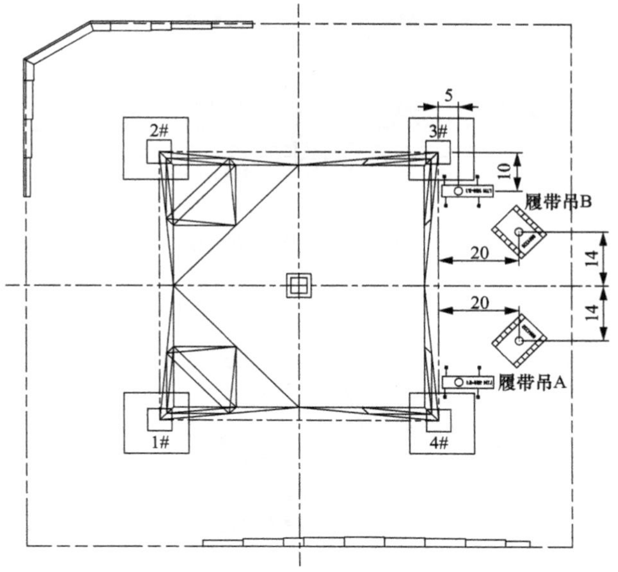

图 7-13 履带吊吊装右侧水平管及八字管场地布置示意图

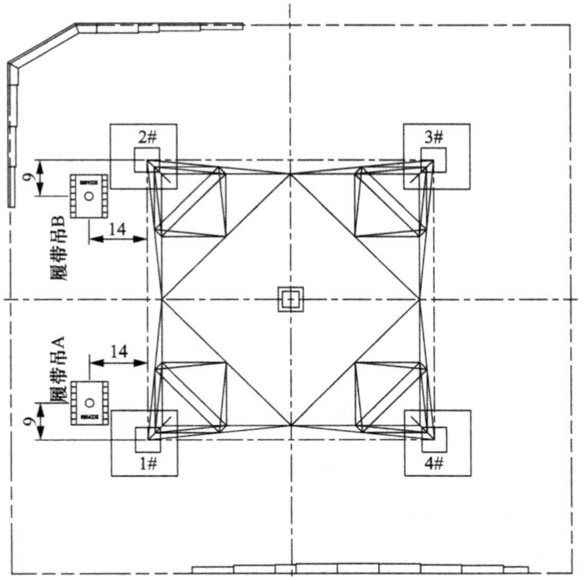

图 7-14 履带吊吊装 14 段下半段主管场地布置示意图

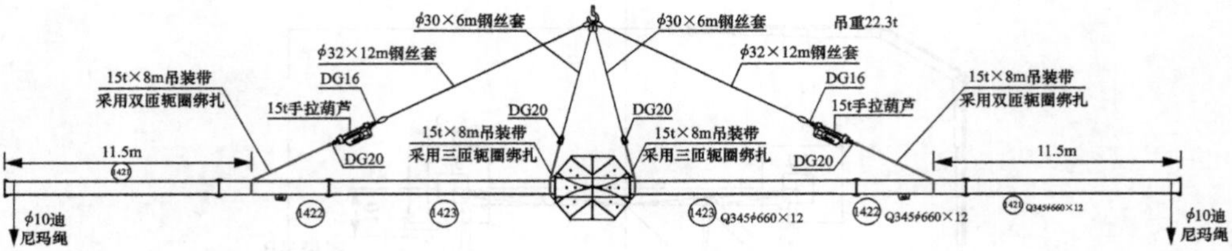

图 7-15　14 段水平管吊装布置示意图

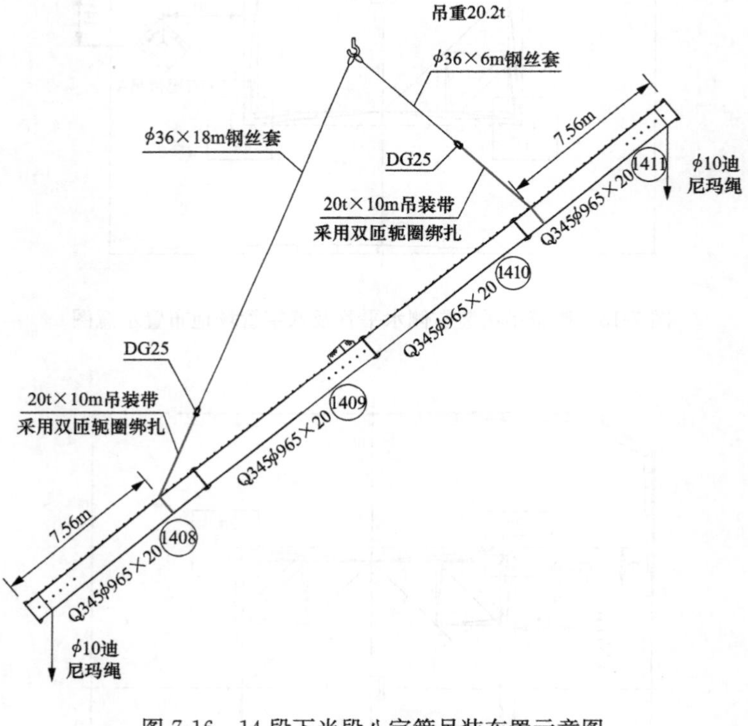

图 7-16　14 段下半段八字管吊装布置示意图

上述侧面水平管及八字管吊装完成后，两台履带吊移位到其他侧面重复上述过程，完成 14 段所有水平管及八字管的吊装作业。

（三）隔面管及 V 面管吊装

14 段 4 个侧面的水平管及八字管吊装完成后，塔身已形成一个封闭的完整结构体，高度达到 66.4m，停于塔身外侧的履带吊由于主臂工况的作业半径限制已无法吊装隔面的其他管件，汽车吊由于高度限制，也无法吊装。此时2台400t履带吊需转换工况，由主臂工况改为塔式工况，依次吊装隔面管，同时按前述项目六中任务一所介绍方法，完成专用抱杆的安装。

五、跨海铁塔14段上半段吊装

14段上半段塔身结构相对简单，仅主管加倒八字斜管结构，管件数量较少，履带吊仍采用塔式工况，停于塔身外侧吊装，场地布置如图7-17所示。

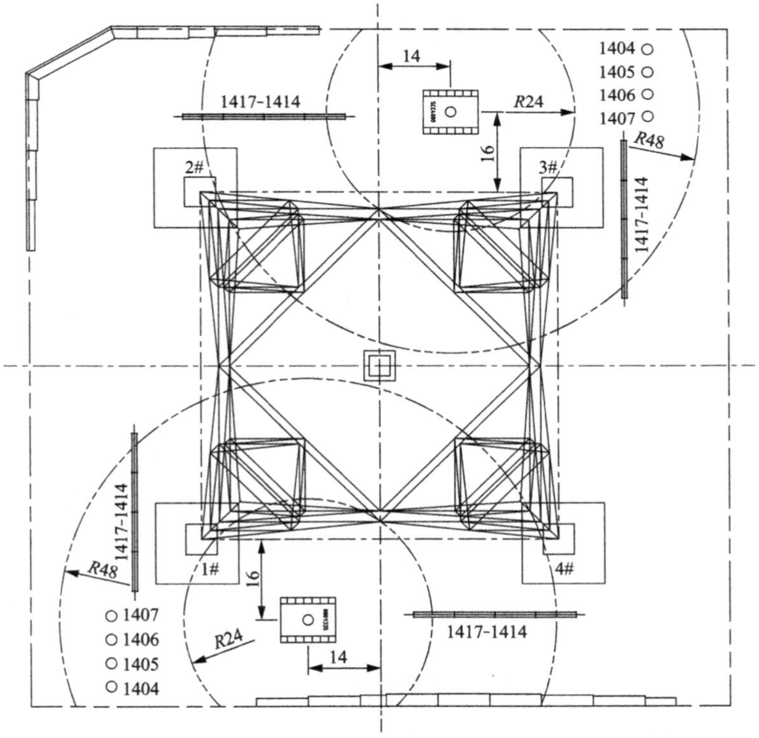

图7-17　履带吊吊装14段上半段主管及倒八字管场地布置示意图

倒八字管采用两点起吊，布置如图7-18所示。

六、跨海铁塔13段下半段吊装

13段下半段主管、水平管由履带吊吊装，八字管、隔面管和V面管利用专用抱杆吊装，场地布置如图7-19所示。

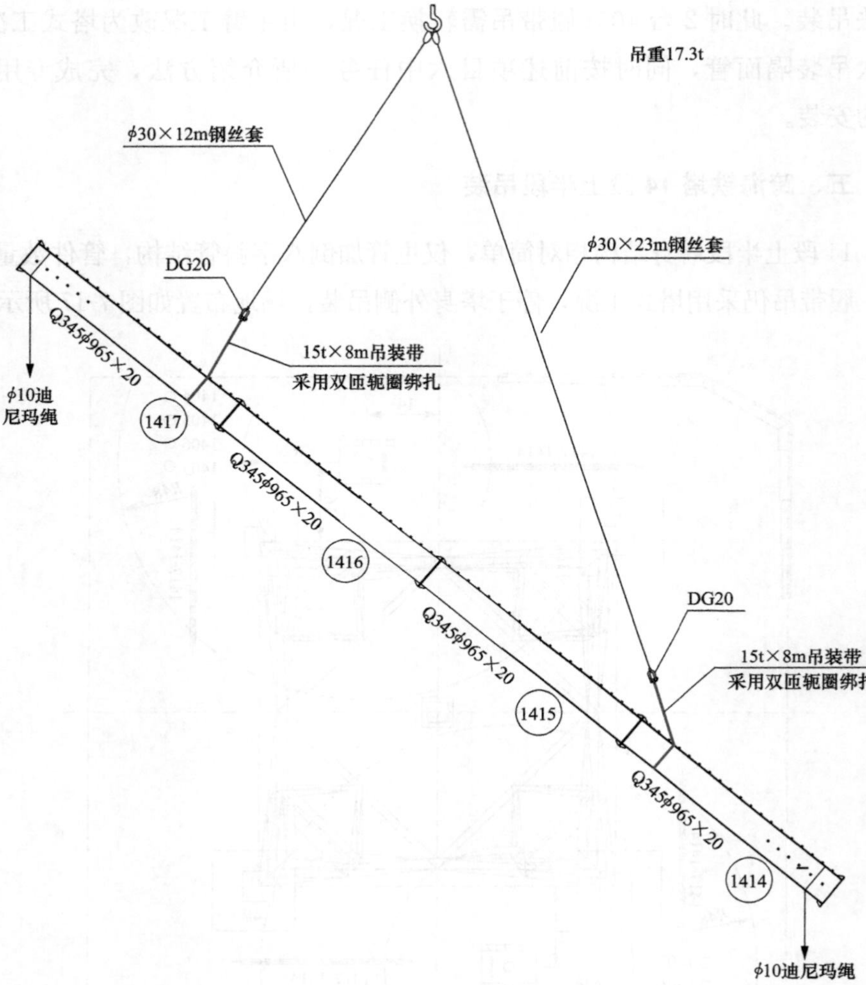

图 7-18　14 段上半段倒八字管吊装布置示意图

水平管采用四点起吊，布置如图 7-20 所示。

水平管就位后，履带吊吊钩仍处于受力状态，并将水平管中间向上抬起约 100mm，方便八字管安装就位。八字管由抱杆吊钩吊装，采用两点起吊。

八字管就位完成后，由履带吊吊装塔身小管。

高塔塔身 13 段下半段隔面部分采用座地双平臂抱杆分解吊装。

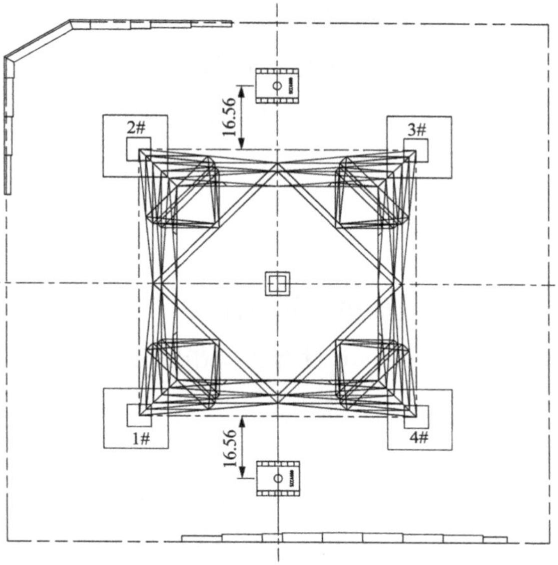

图 7-19 履带吊吊装 13 段下半段场地布置示意图

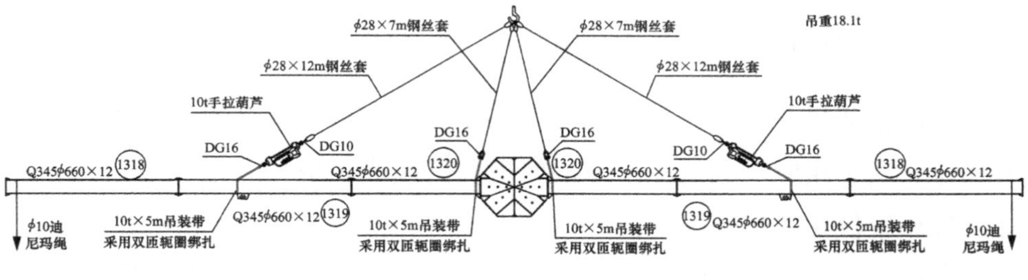

图 7-20 13 段水平管吊装布置示意图

任务三 跨海铁塔 112.8～365m 身部段吊装方法

【任务描述】

本任务主要讲解跨海铁塔 112.8～365m 身部段利用专用抱杆分解吊

装等内容。通过文字叙述、图解示意等，了解跨海铁塔 112.8～365m 身部段吊装的整体过程，熟悉专用抱杆吊装时地面吊件的布置要求，掌握跨海铁塔 112.8～365m 身部各段构件吊装先后次序及吊装点绑扎方法等内容。

【知识要点】

（1）专用抱杆吊装时地面吊件的布置。

（2）跨海铁塔 112.8～365m 身部各段吊装方法。

【技能要领】

跨海铁塔 112.8～281.5m 身部段，由 13 段上半段、12 段、11 段、10 段、9 段、8 段、7 段、6 段、5 段组成。该部分铁塔全部利用专用抱杆分解吊装。其中，112.8～281.5m（13 段上半段～8 段）吊装时，专用抱杆座于地面，抱杆顶升在地面进行；281.5～365m（8 段～5 段）吊装时，专用抱杆座于 220m 高空平台，抱杆顶升在高空平台进行。

一、专用抱杆及地面吊件布置

每次吊装作业前，应检查核对抱杆的高度，按方案要求进行抱杆的顶升操作，安装相应节数的标准节，使抱杆高度满足塔段吊装高度要求，并打设好相应位置的腰环附着。

专用抱杆采用双侧同步吊装，为保证抱杆两侧起吊过程中的受力平衡，要求两侧待吊装构件的地面摆放位置应位于吊钩作业半径的正下方，并对称布置在两侧起重臂的前后侧，使两侧待吊装构件的中心连线始终与抱杆平臂轴线的垂直投影线相重合，如图 7-21 所示。

二、13 段上半段吊装

主管按分节由下向上依次吊装，吊点布置方法与前述段别的主管吊装相同。

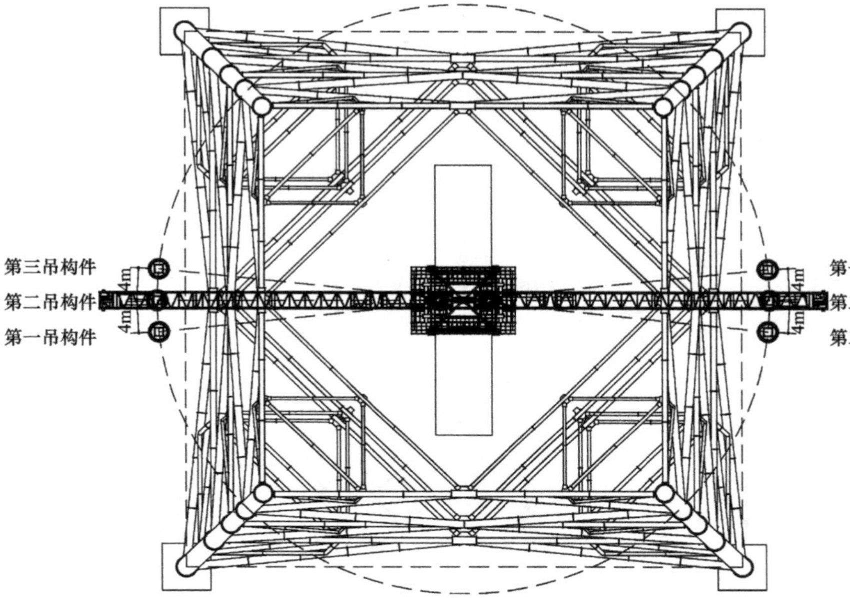

图 7-21 待吊装构件地面布置示意图

13 段上半段倒八字管三节组为一整体吊装，重 13.508t，其吊装布置如图 7-22 所示。按吊装的两个对侧面，将倒八字管分别组装在两个平臂下方，并保证重心位于吊钩垂直正下方，采用两点起吊。同时在吊件上下端各设 1 根 ϕ10 迪尼玛绳，引至地面锚桩，用于控制稳定吊件，防止吊装过程中发生偏扭，并引上与吊钩的防扭横杆相连，用于协助拉线拆除及吊钩松卸过程中的起吊滑车组防扭。

三、12 段下半段吊装

主管吊装与前述段别的主管吊装相同。

水平管与八字管的吊装，由于整体组装重量较重，且结构件尺寸巨大，吊装就位困难。为此，采用八字管下段先吊装就位打设防倾拉线补强，八字管上段连于水平管组成整体一起吊装的方法。

12 段下半段八字管下 2 节组为一体（重 8.891t）先吊装，如图 7-23 所示，采用两点起吊。

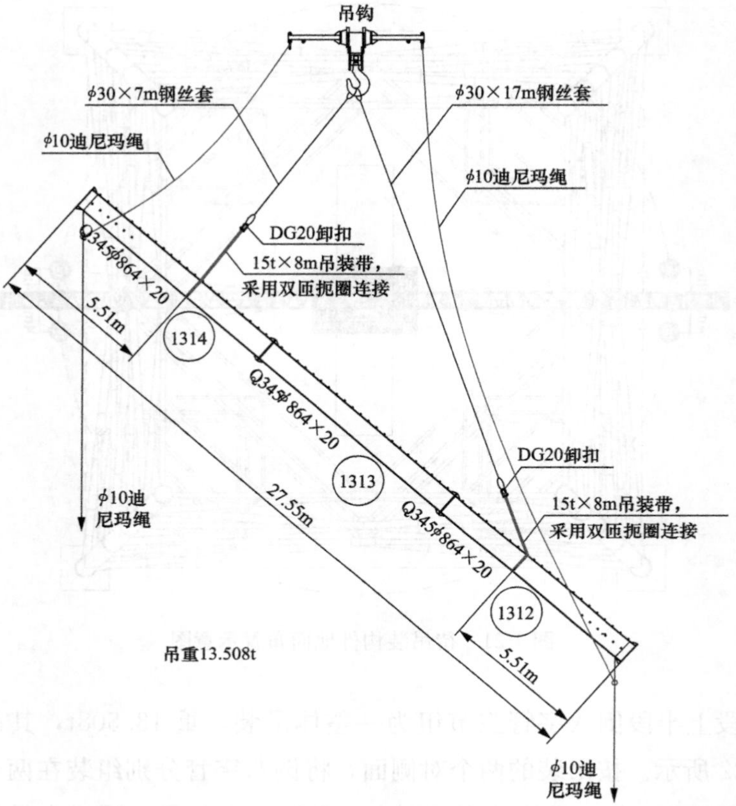

图 7-22　13 段上半段倒八字管吊装布置示意图

吊装到位后，先就位下法兰。下法兰就位后，吊钩暂时不能松钩，按图 7-24 要求打好防倾拉线并收紧后方可松钩拆除吊绳。

待吊装侧面两侧八字管的下 2 节全部吊装完成并补强完毕后，开始进行水平管及八字管上节的吊装。

12 段水平管及下半段八字管的上节组为一整体吊装，重 25.074t，按吊装的两个对侧面，将水平管及八字管上节分别组装在两个平臂下方，采用四个独立吊点起吊，如图 7-25 所示。

断面Ⅴ面八字管与断面水平管组成一整体吊装，重 4.19t，按吊装的两个对侧面，将管件组装在两个平臂下方，采用四点起吊，如图 7-26 所示。

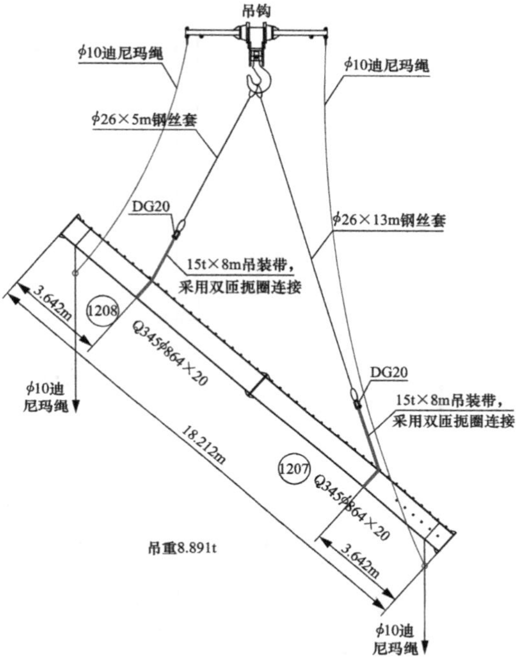

图 7-23　12 段下半段八字管（下 2 节）吊装布置示意图

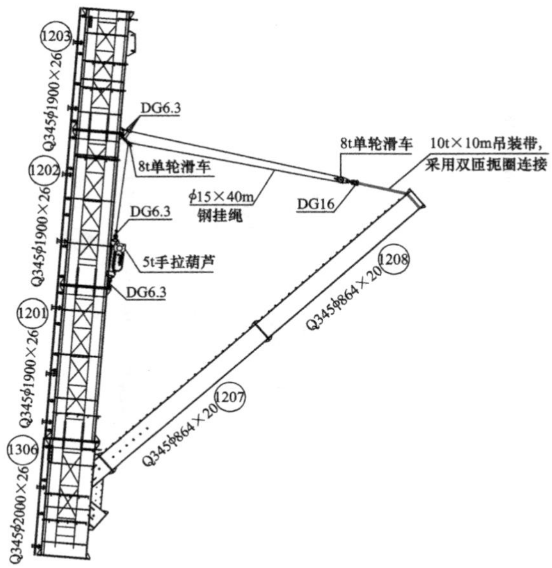

图 7-24　12 段下半段八字管（下 2 节）防倾拉线布置示意图

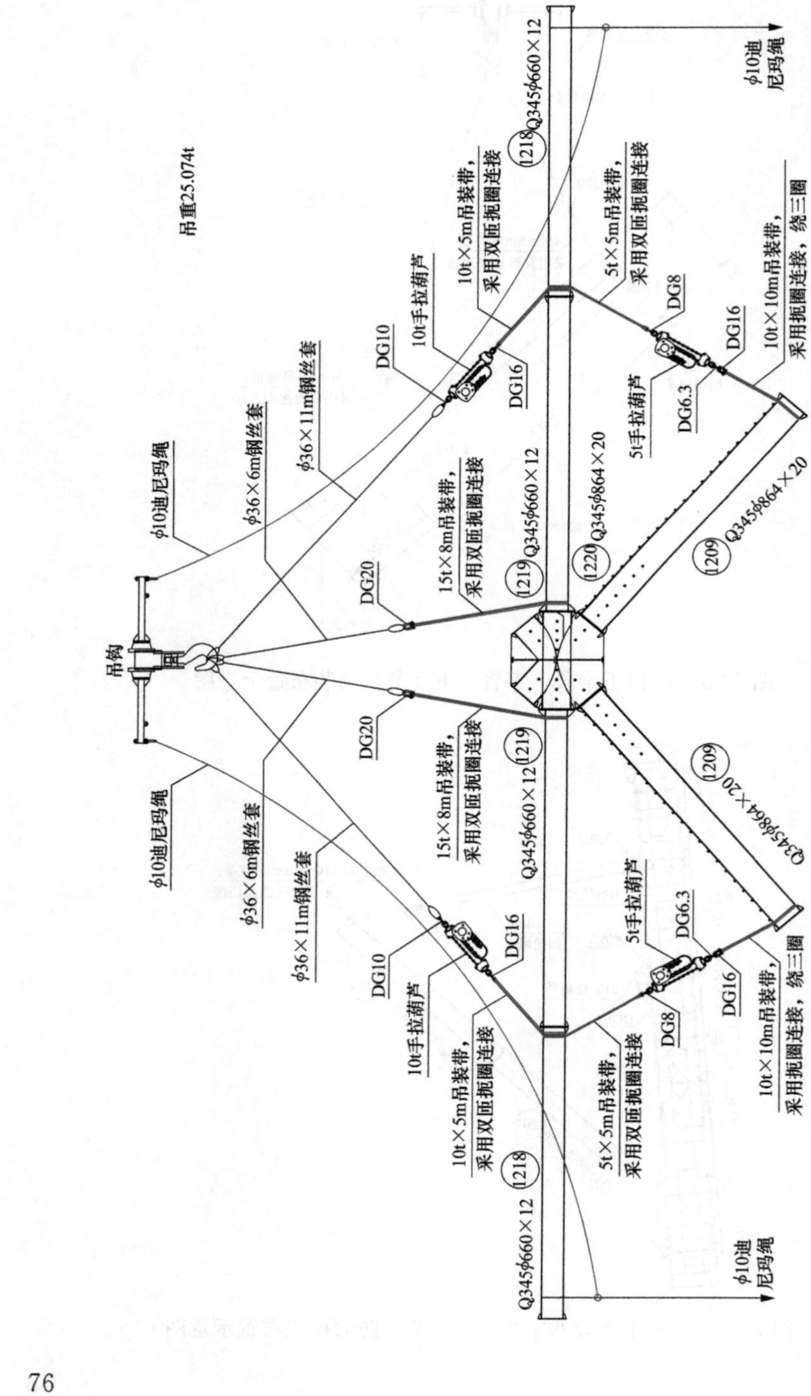

图 7-25　12段水平管带1节八字管吊装布置示意图

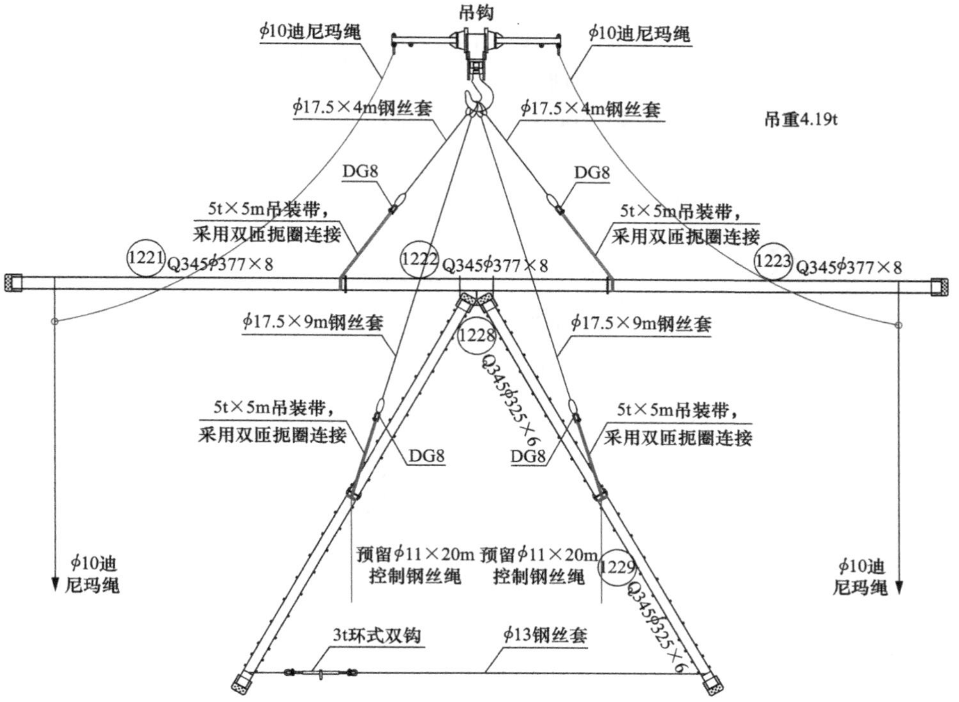

图 7-26　12 段下半段断面水平管与 V 面八字管吊装布置示意图

四、12 段上半段吊装

主管吊装与前述段别的主管吊装相同。

12 段上半段倒八字管三节组为一整体吊装，重 9.879t，按吊装的两个对侧面，将倒八字管分别组装在两个平臂下方，采用两点起吊，如图 7-27 所示。

五、11 段下半段吊装

吊装方法与 12 段下半段类似，先分节吊装主管，再吊装八字管下段，打设好防倾补强拉线；八字管上段与水平面管组成一整体吊装；断面 V 面八字管与断面水平管组成一整体吊装。

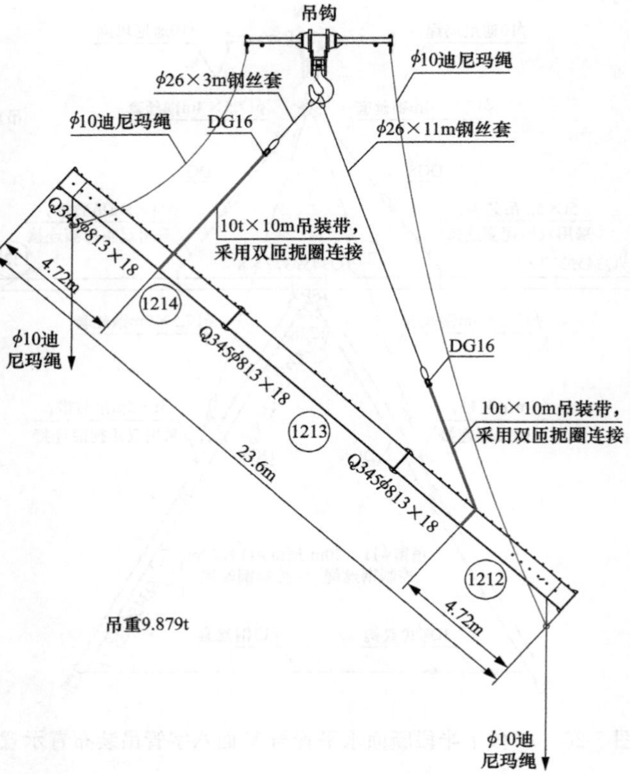

图 7-27　12 段上半段倒八字管吊装布置示意图

六、11 段上半段吊装

吊装方法与 12 段上半段类似，先分节吊装主管，再采用两点起吊法吊装组成一体的倒八字管。

七、10 段下半段吊装

主管吊装与前述段别的主管吊装相同。

水平管与八字管的吊装，由于整体组装结构件尺寸相对较小，且重量满足抱杆吊装要求，因此将八字管与水平管组成一整体吊装，采用四个独立吊点起吊，如图 7-28 所示。

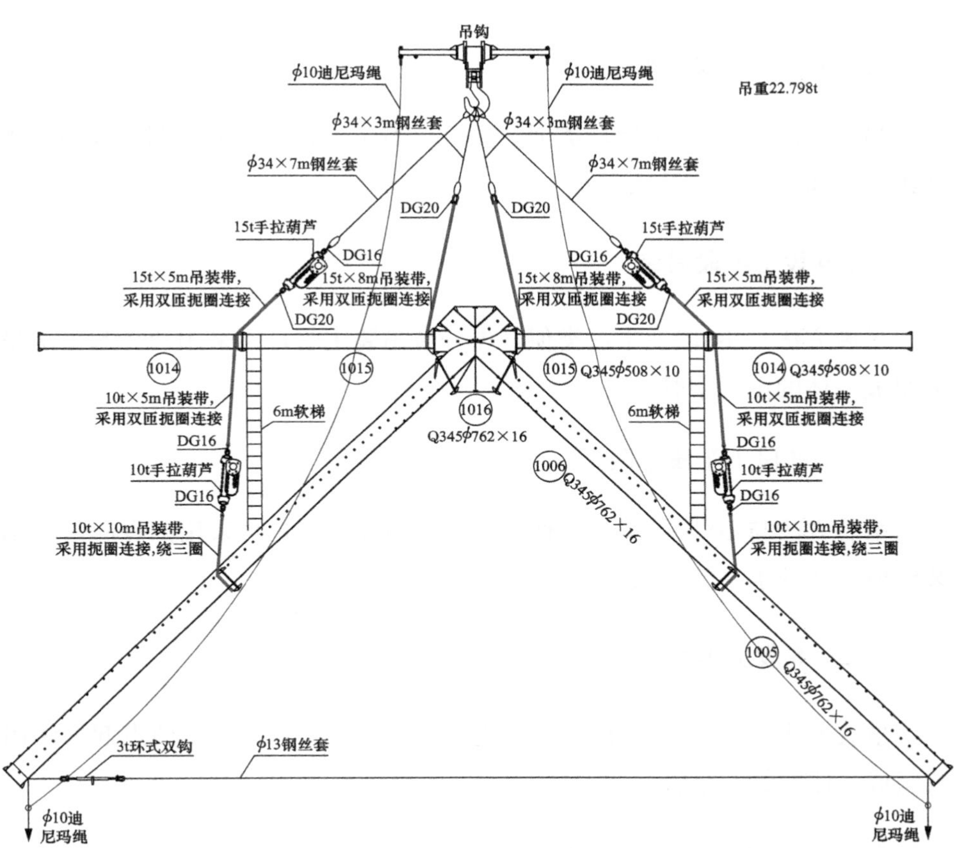

图 7-28　10 段水平管及八字管吊装布置示意图

水平管、八字管组件在起吊离地时，应让六通节点位置的两根起吊绳先受力，其他起吊绳根据受力变化情况，随时调节串接葫芦及双钩，以保证水平管轴线基本呈水平状态，并保证八字管下根开与图纸尺寸基本一致。两根八字管应采用吊机协助抬吊，防止变形。

吊装到位后，先就位一侧八字管法兰，另一侧八字管法兰通过吊钩配合及调整双钩，使根开满足就位要求后再安装。

八、10 段上半段吊装

吊装方法与 14 段上半段类似，先分节吊装主管，再采用两点起吊法吊装组成一体的倒八字管。

九、9 段下半段吊装

吊装方法与 10 段下半段类似，先分节吊装主管，再采用四点起吊法吊装组成一体的水平管及八字管。

十、9 段上半段吊装

吊装方法与 14 段上半段类似，先分节吊装主管，再采用两点起吊法吊装组成一体的倒八字管。

十一、8 段下半段吊装

吊装方法与 10 段下半段类似，先分节吊装主管，再采用四点起吊法吊装组成一体的水平管及八字管。

十二、8 段上半段吊装

吊装方法与 14 段上半段类似，先分节吊装主管，再采用两点起吊法吊装组成一体的倒八字管。

十三、7 段中下段吊装

7 段身部开始连接塔头横担，为满足横担多节点连接要求，设有球头节点，7 段下段球头（Q2）直径为 2m。主管与球头分次吊装；下段的水平管及八字管吊装方法与 10 段下半段类似，组成一体采用四点起吊法吊装；中段的水平管及双 X 管，组成一体采用四个独立吊点起吊，如图 7-29 所示。

十四、7 段上段及 6 段下段吊装

7 段上段吊装方法与 14 段上半段类似，先分节吊装主管，再采用两点起吊法吊装组成一体的倒八字管。

6 段下段吊装方法与 10 段下半段类似，先分节吊装主管，再采用四点起吊法吊装组成一体的水平管及八字管。

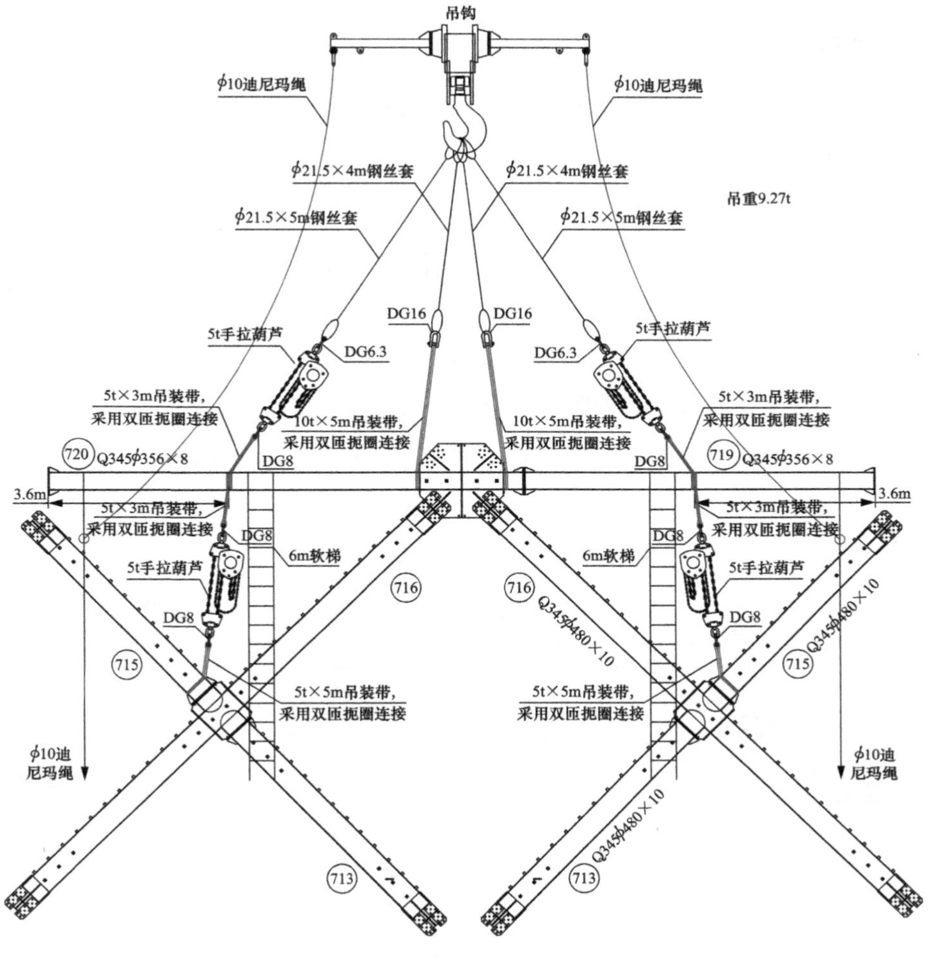

图 7-29　7 段中段水平管与双 X 管吊装布置示意图

十五、6 段中、上段吊装

6 段中段吊装方法与 7 段中段类似，先分节吊装主管，再采用两点起吊法吊装组成一体的水平管及双 X 管。

6 段上段吊装方法与 14 段上半段类似，先分节吊装主管，再采用两点起吊法吊装组成一体的倒八字管。

十六、5 段吊装

5 段主管与球头分次吊装，下、中段水平管及 X 形交叉管采用一钩双吊，如图 7-30 所示。

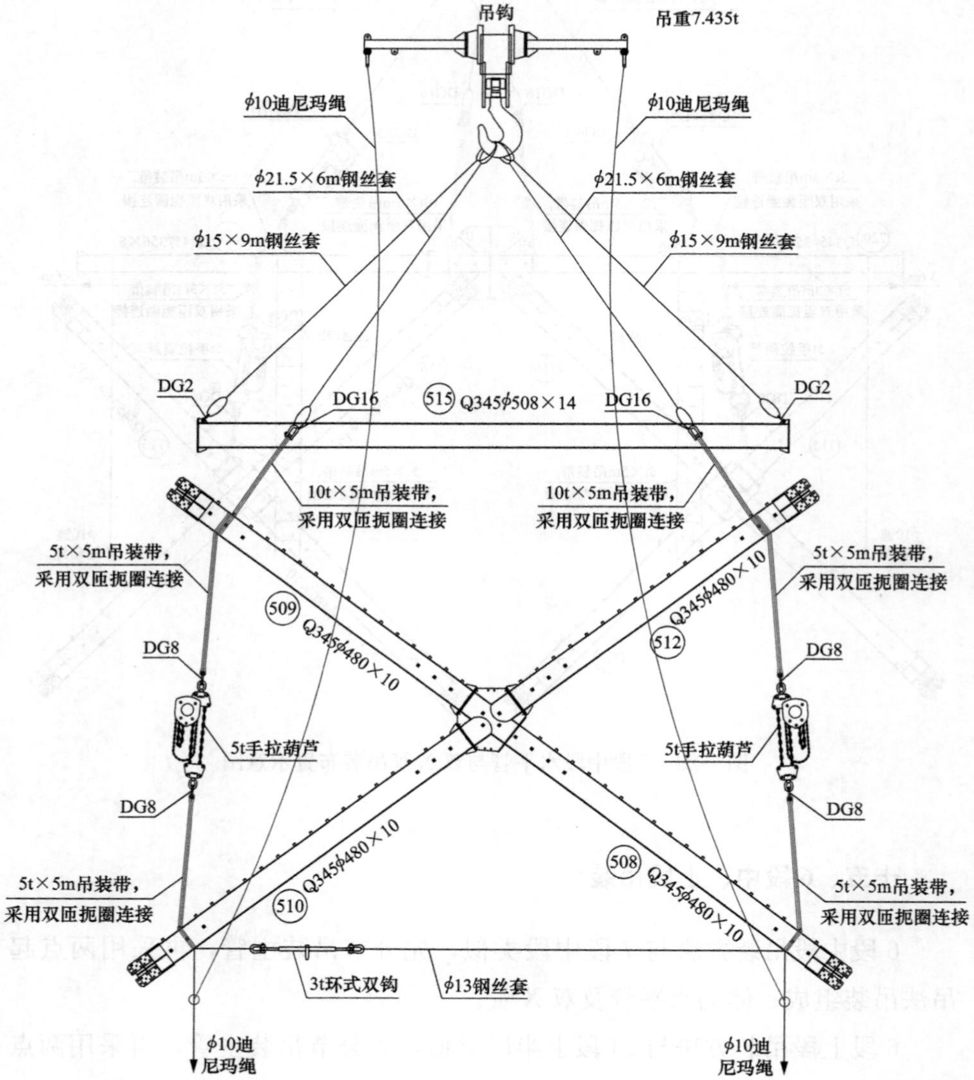

图 7-30　5 段下、中段水平管与 X 形交叉管吊装布置示意图

5 段上段正面组片吊装，采用两点起吊，如图 7-31 所示。

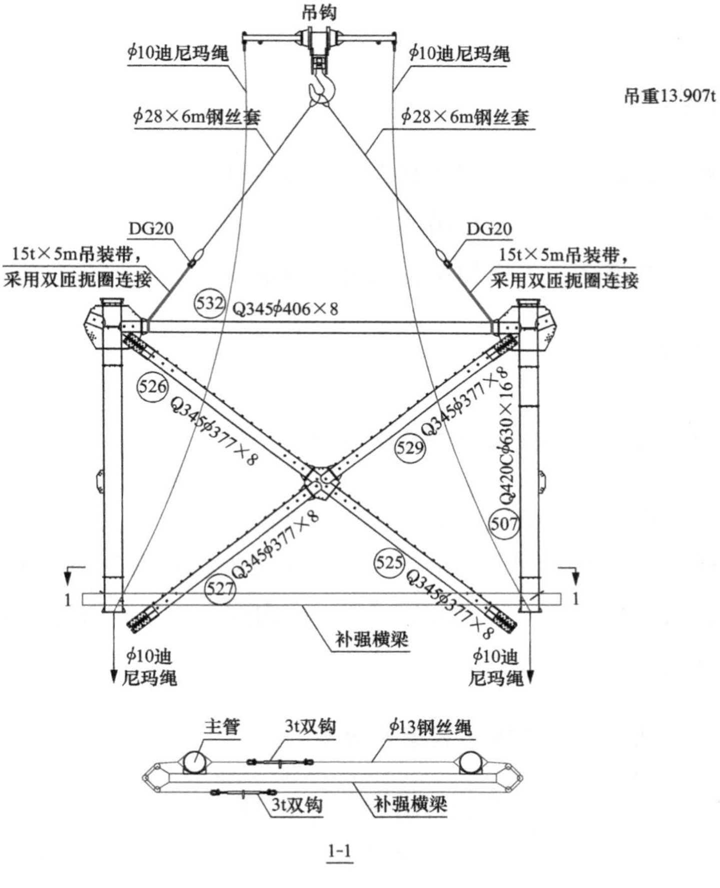

图 7-31　5 段上段正面组片吊装布置示意图

任务四　跨海铁塔塔头横担吊装方法

【任务描述】

本任务主要讲解跨海铁塔塔头横担利用专用抱杆分解吊装等内容。通过文字叙述、图解示意等，了解跨海铁塔塔头横担吊装先后次序的设定原则，熟悉各横担结构段的吊装先后顺序，掌握各横担结构段具体吊装方法等内容。

【知识要点】

（1）跨海铁塔塔头各横担吊装先后次序原则。

（2）跨海铁塔塔头各横担吊装结构分段。

（3）跨海铁塔塔头各横担结构段吊装方法。

【技能要领】

一、跨海铁塔塔头横担吊装次序原则

为满足同塔四回路的输电要求，380m 跨海铁塔，塔头共设置了四层横担。根据横担的结构分段及重量，结合专用抱杆的吊装特点，采用分段组成整体、分次吊装方式，按“由下向上、由内向外、左右对称、同步吊装”的原则，逐段依次进行。

二、跨海铁塔塔头横担吊装结构分段

如图 7-32 所示，四层横担共分为 9 个部分，分 9 次进行吊装。其中 4 段（220kV 下横担）分两部分分次吊装；3 段（220kV 上横担）整体一次吊装；2 段（500kV 下横担）分三部分分次吊装；1 段（500kV 地线顶架及上横担）分三部分分次吊装。按吊装先后，次序依次为 4 段内段→4 段外段→3 段→2 段内段→2 段中段→2 段外段→1 段下段→1 段中段→1 段上段。

三、跨海铁塔塔头各横担结构段吊装方法

（一）4 段内段吊装

4 段内段组成整体后重 23.15t，采用四点对称起吊。如图 7-33 所示，

吊点分设在下主管法兰端头及上主管外节点位置：与下主管连接的吊绳串接手拉葫芦调节；与管件直接连接的绑扎吊绳选用圆环形吊装带，采用双匝扼圈式连接。考虑上主管与斜管及下主管间设计构造无直接连接构件，根开尺寸无法控制，为此在近就位侧各管上预留施工孔，并安装硬撑补强钢管；同时在上主管就位侧法兰附近安装补强横梁，用于调节根开，并辅助串接的手拉葫芦起到防沉及调整根开作用。

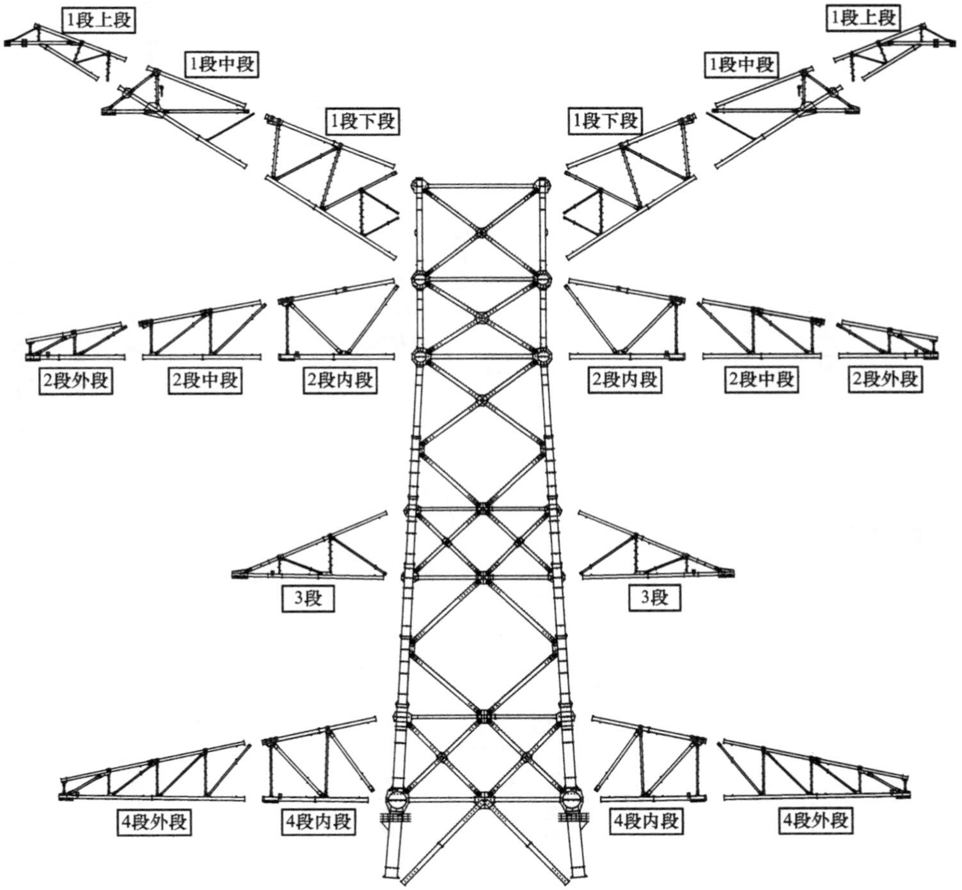

图 7-32 380m 跨海铁塔塔头横担吊装分段示意图

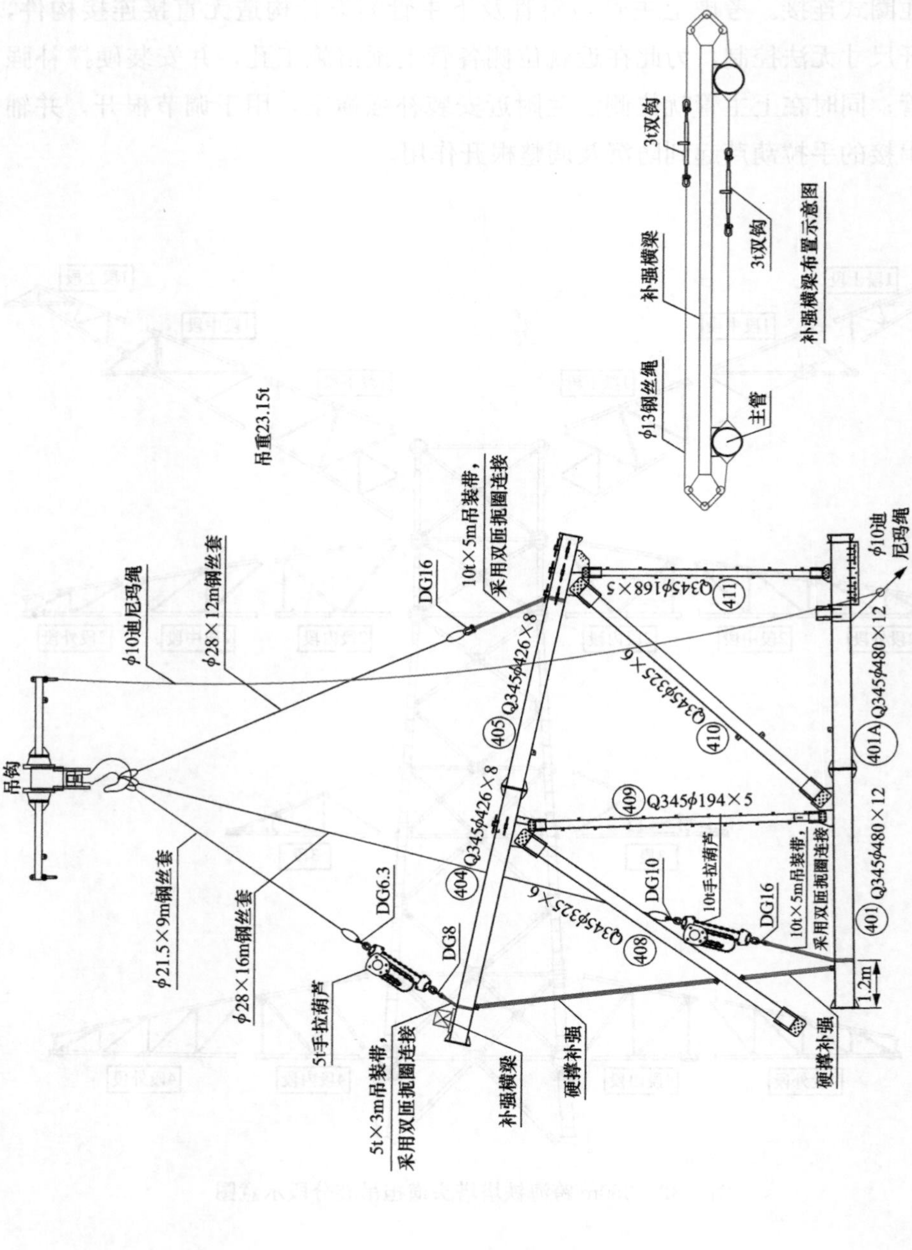

图7-33　4段内段吊装布置示意图

（二）4段外段吊装

4段外段组成整体后重19.588t，采用四点对称起吊。如图7-34所示，吊点分设在下主管、上主管的中间节点位置：与下主管连接的吊绳串接手拉葫芦调节；与管件直接连接的绑扎吊绳选用圆环形吊装带，采用双匣扼圈式连接。

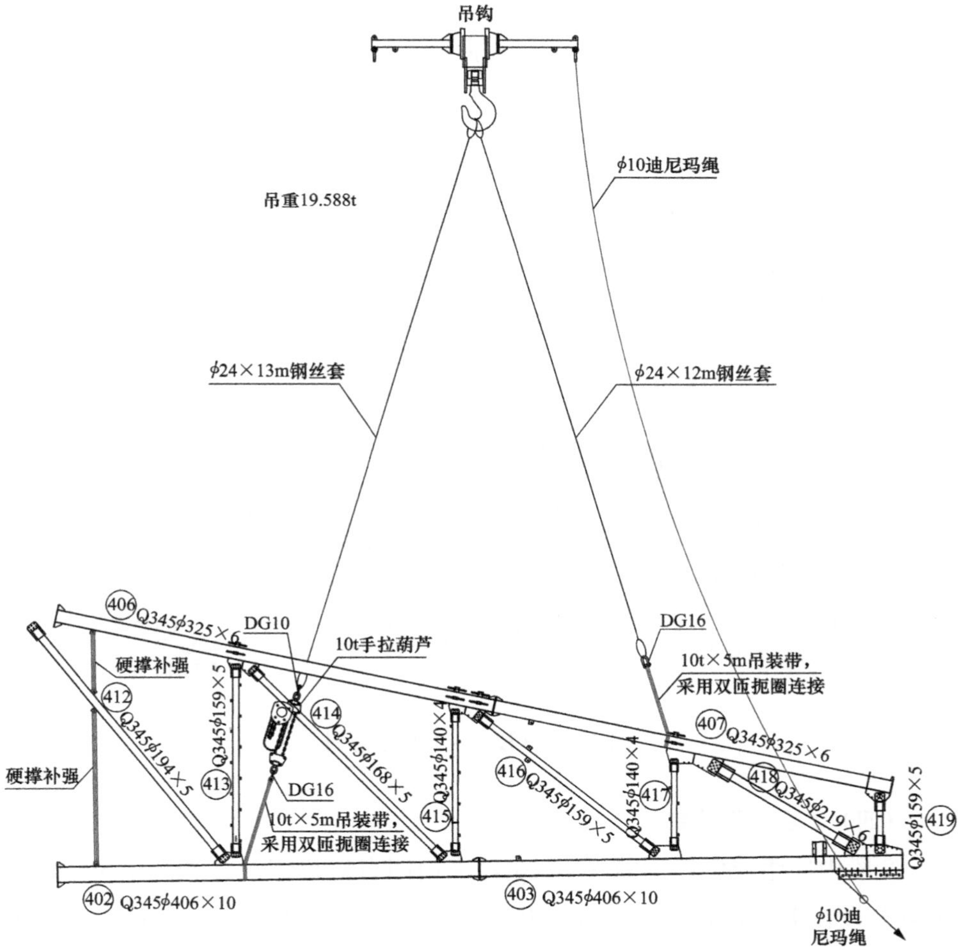

图7-34 4段外段吊装布置示意图

（三）3 段吊装

横担 3 段不分段，组成整体后重 15.592t，采用四点对称起吊。如图 7-35 所示，吊点分设在下主管靠塔身内节点及上主管中间节点位置，与下主管连接的吊绳串接手拉葫芦调节。

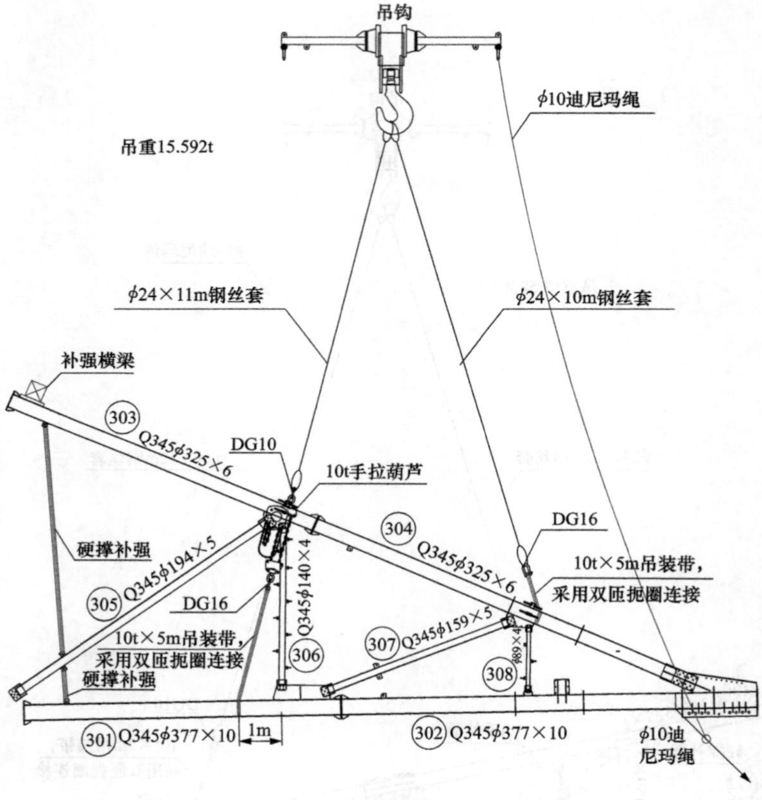

图 7-35 3 段吊装布置示意图

（四）2 段内段吊装

2 段内段组成整体后重 20.768t，采用四点对称起吊。如图 7-36 所示，吊点分设在下主管就位法兰端头及上主管外节点位置：与下主管连接的吊绳串接手拉葫芦调节；同时在上主管就位侧法兰附近安装补强横梁，用于调节根开，并串接手拉葫芦，起到防沉及调整根开作用。

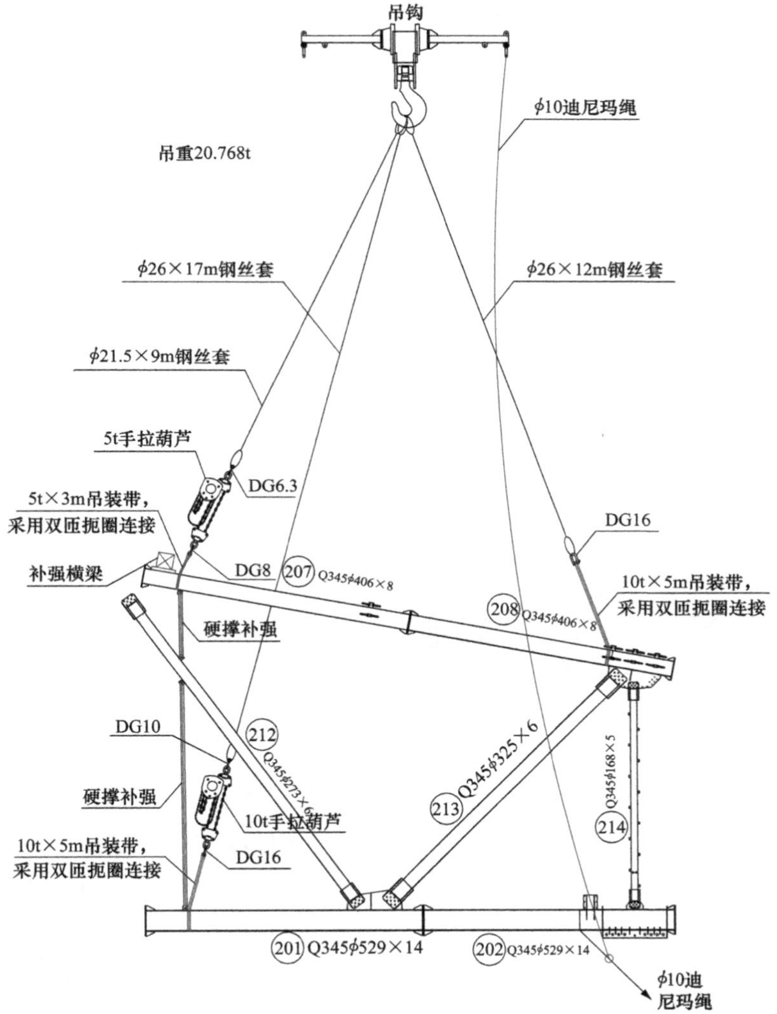

图 7-36　2 段内段吊装布置示意图

（五）2 段中段吊装

2 段中段组成整体后重 11.945t，采用四点对称起吊。如图 7-37 所示，吊点分设在上主管近就位端头节点及下主管外节点位置，与下主管连接的吊绳串接手拉葫芦调节。

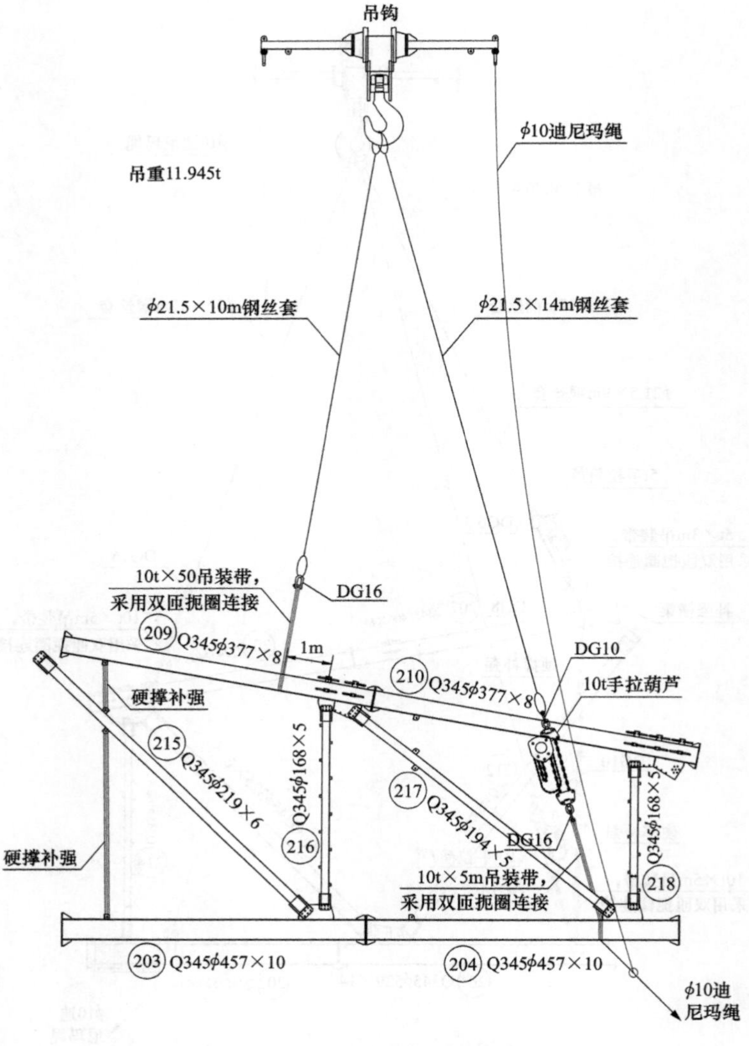

图 7-37　2 段中段吊装布置示意图

（六）2 段外段吊装

2 段外段组成整体后重 11.344t，采用四点对称起吊。如图 7-38 所示，吊点分设在下主管就位法兰端头及上主管外节点位置，与下主管连接的吊绳串接手拉葫芦调节。

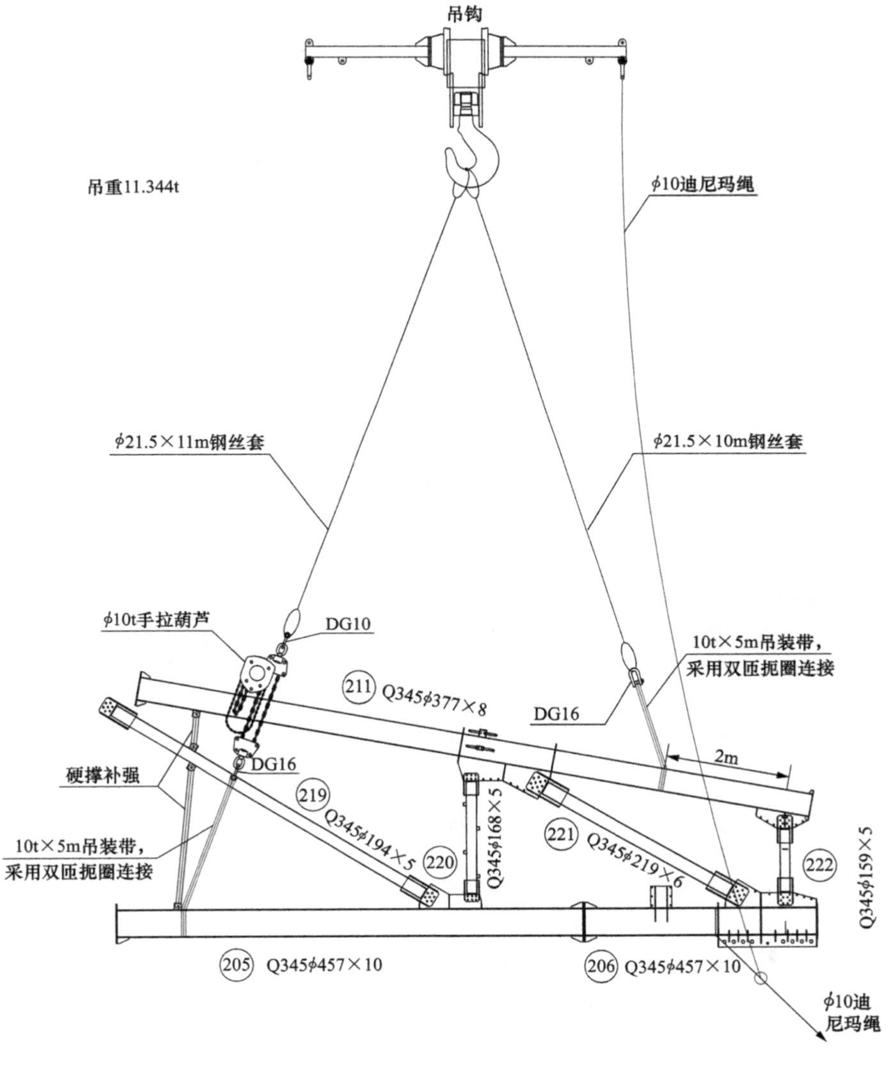

图 7-38　2 段外段吊装布置示意图

(七) 1 段下段吊装

1 段下段组成整体后重 19.974t，采用四点对称起吊。如图 7-39 所示，吊点分设在下主管近就位端头节点及上主管外节点位置，与下主管连接的吊绳串接手拉葫芦调节。同时在上主管就位侧法兰附近安装补强横梁，用于调节根开，并串接手拉葫芦，起到防沉及调整根开作用。

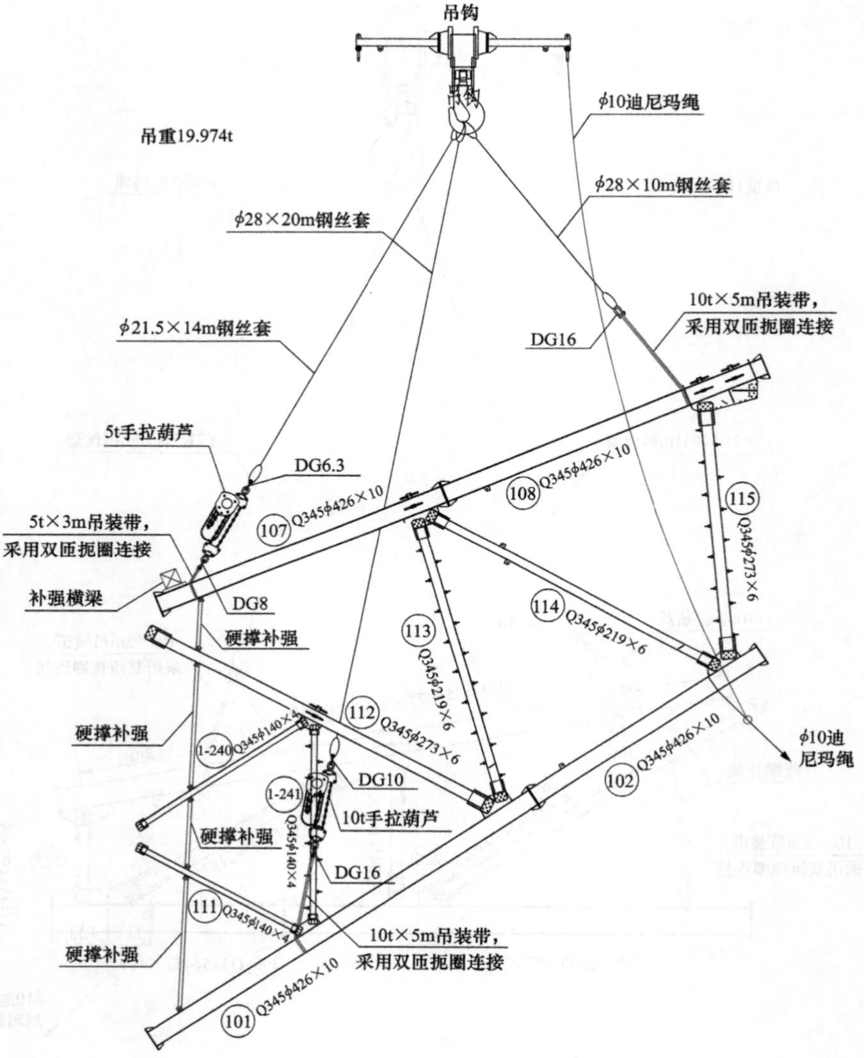

图 7-39　1 段下段吊装布置示意图

（八）1 段中段吊装

1 段中段组成整体后重 20.679t，采用四点对称起吊。如图 7-40 所示，吊点分设在下主管近就位端头节点及上主管外节点位置，与下主管连接的吊绳串接手拉葫芦调节。同时在上主管就位侧法兰附近安装补强横梁，用于调节根开，并串接 5t 手拉葫芦，起到防沉及调整根开作用。

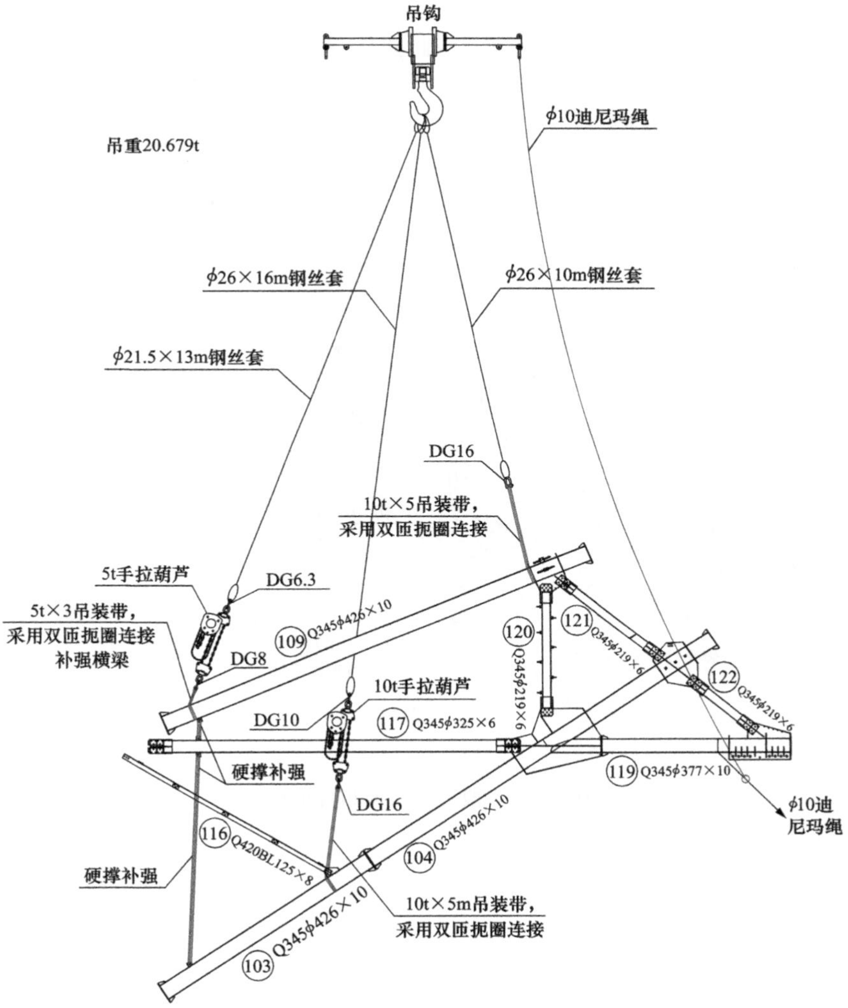

图 7-40　1 段中段吊装布置示意图

（九）1 段上段吊装

1 段上段组成整体后重 9.306t，采用四点对称起吊。如图 7-41 所示，吊点分设在下主管中间节点及上主管外节点位置，与下主管连接的吊绳串接手拉葫芦调节。

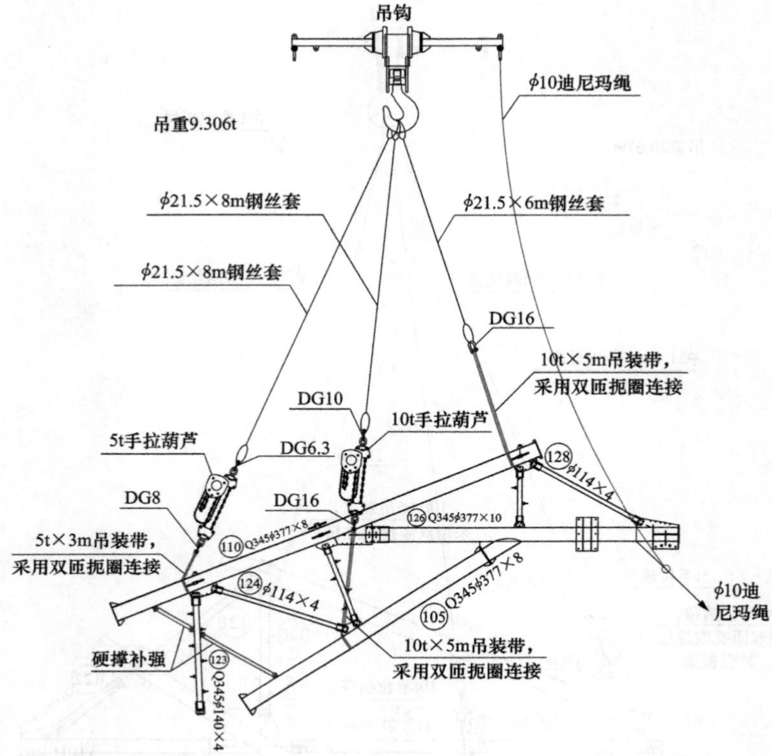

图 7-41　1 段上段吊装布置示意图

项目八

跨海铁塔220m高空作业平台设置方法

【项目描述】

本项目包含跨海铁塔组立专用抱杆提升悬浮、220m 以下抱杆标准节拆除换装井筒、220m 高空平台安装等内容。通过任务描述、知识要点、技能要领等，了解跨海铁塔高空作业平台设置的流程步骤，熟悉专用抱杆高空提升悬浮前的提升滑车组、保险系统、地面牵引滑车组的布置准备要求，掌握专用抱杆高空悬浮、标准节换装井筒、高空平台安装、抱杆回落方法等内容。

任务一　专用抱杆高空提升悬浮

【任务描述】

本任务主要讲解跨海铁塔组立专用抱杆高空提升悬浮前的各系统布置及提升悬浮方法等内容。通过文字叙述、图解示意等，了解专用抱杆高空提升悬浮的各系统组成，熟悉提升悬浮滑车组、保险系统、地面牵引系统的布置要求，掌握专用抱杆高空提升悬浮方法等内容。

【知识要点】

（1）专用抱杆高空提升悬浮各系统组成。

（2）提升悬浮滑车组、保险系统、地面牵引系统布置要求。

（3）专用抱杆高空提升悬浮方法。

【技能要领】

专用抱杆的高空提升悬浮操作，在铁塔完成第 8 自然段（高度 281.5m）组立后进行。该操作将专用抱杆 220m 以上部分全部提升悬浮，然后拆除 220m 以下的标准节换装为永久井筒，进而利用井筒承重在 220m 高度设置高处作业平台，固结专用抱杆 220m 以下部分，在高空平台上进行抱杆的顶升操作。

一、专用抱杆高空提升悬浮滑车组布置

专用抱杆高空提升悬浮采用四合一提升法，在高空布置四套提升滑车组，尾绳经导向地面，通过四合二、二合一合并，接上牵引滑车组，引入动力平台，通过牵引机牵引收紧地牵引滑车组，带动高空提升滑车组收紧，最后完成抱杆的整体提升。

（一）高空提升悬浮滑车组连接方式

在抱杆特殊节的四根主弦杆与高塔四根主管的节点间各布置一套提升滑车组，单腿 120t 级。下提升点采用一组 120t 九轮高速起重滑车，与抱杆杆身特殊节上的悬浮双拉杆联板相连；上提升点采用两组 65t 五轮高速起重滑车，与塔身预留的提升板相连，中间穿引 ϕ24mm 钢丝绳，形成 19 道磨绳，尾绳由 65t 五轮滑车引出，经 220m 高空平台导向后引向地面，具体滑车组连接方式如图 8-1 所示。

（二）高空提升悬浮滑车挂设位置及方向

提升滑车组的滑车布置位置方向和钢丝绳的头绳、尾绳穿引涉及地面导向地锚布置及各段水平隔面管的防磨，有相应要求，应按表 8-1 要求布置。

提升悬浮滑车组钢丝绳尾绳引下时，为避免与高空平台相碰，在隔面水平管上安装抱箍式四向定位滚轮，钢丝绳经定位滚轮后引入地面导向，如图 8-2 所示。

将抱箍式四向定位滚轮的可拆卸式滚杠朝上，方便钢丝绳安装，如图 8-3 所示。

（三）高空提升悬浮滑车组吊装

按连接顺序，在塔身外侧的地面分腿组好提升悬浮滑车组，穿好钢丝绳，摆好滑车位，并对各个滑车的朝向进行标识。提升悬浮滑车组串利用抱杆吊钩吊装，采用对角双侧同步起吊方式，单腿采用三点起吊，布置三根起吊绳，如图 8-4 所示。

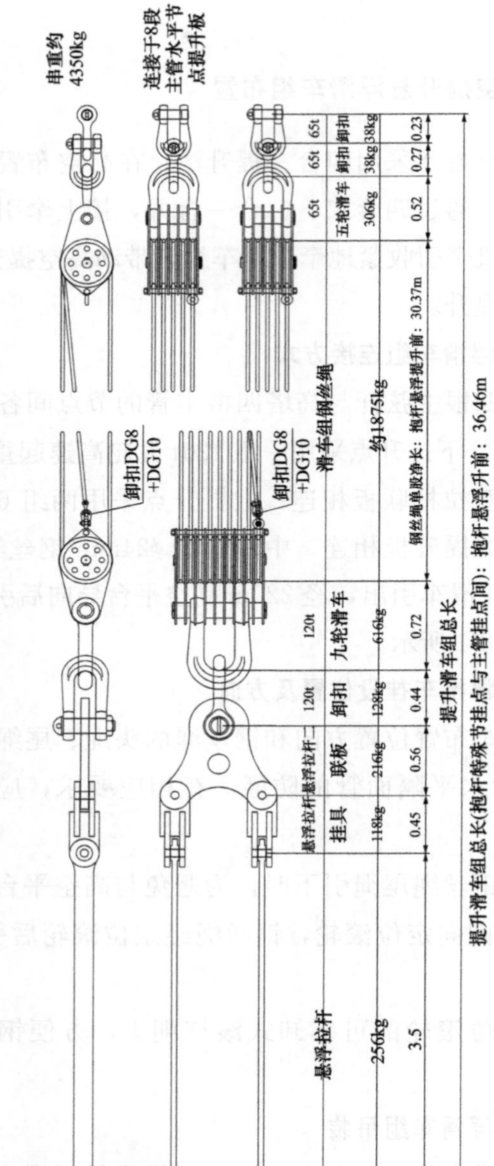

图 8-1 专用设备抱杆高空提升悬浮滑车组连接及穿绳示意图

表 8-1　　　专用抱杆高空提升滑车挂设及引绳穿向示意图汇总表

<table>
<tr><td>滑车</td><td>金塘高塔（1＃/2＃腿）
册子高塔（3＃/4＃腿）</td><td>金塘高塔（3＃/4＃腿）
册子高塔（1＃/2＃腿）</td></tr>
<tr><td>上提升滑车</td><td>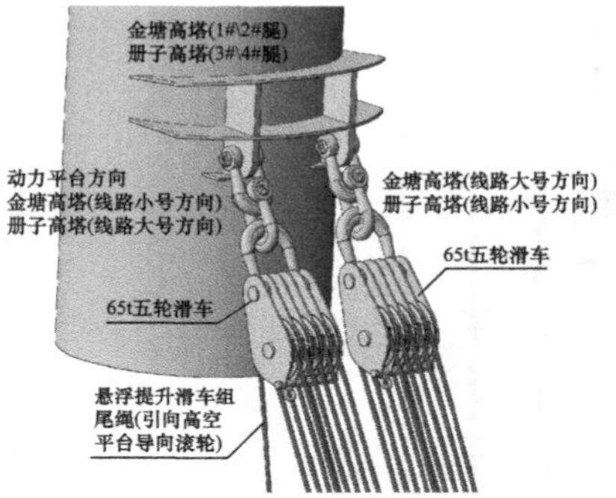
</td><td>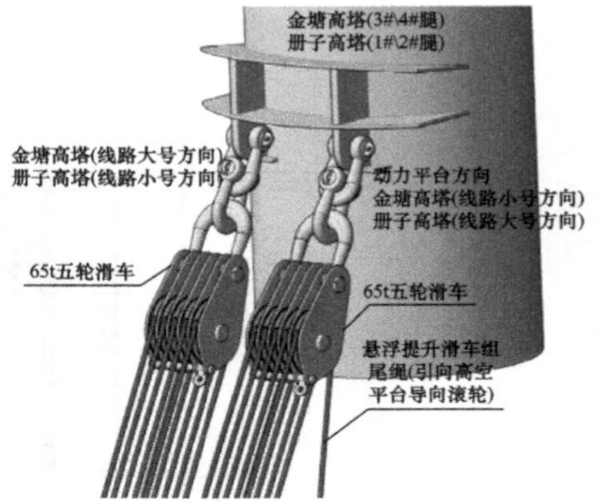
</td></tr>
<tr><td>下提升滑车</td><td>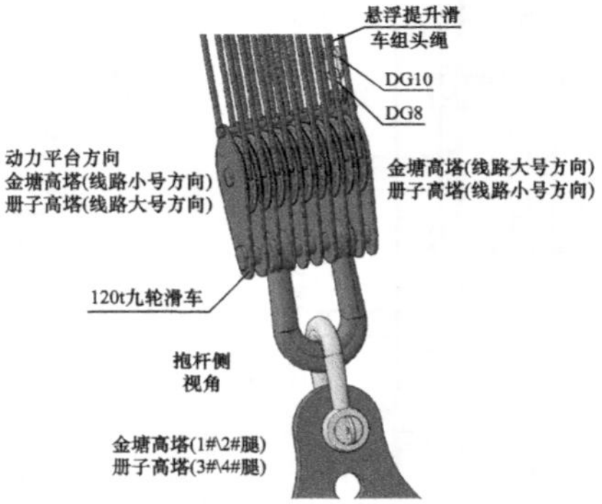
</td><td>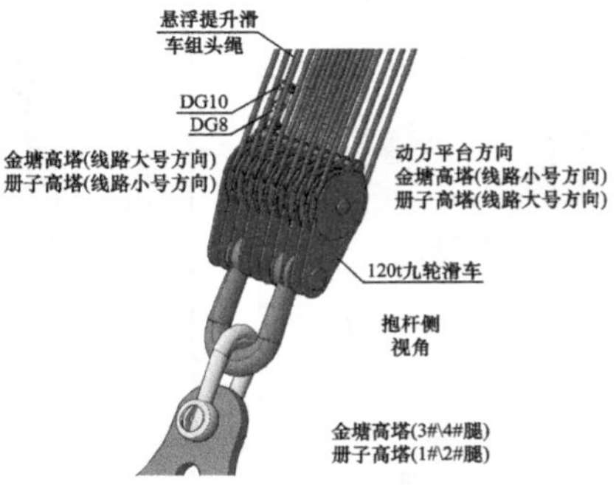
</td></tr>
</table>

（四）高空提升悬浮滑车组钢丝绳尾绳引下

悬浮滑车组组串吊装完成时，ϕ24mm 滑车组钢丝绳的尾绳还挂在塔身外侧，可通过串接 ϕ10mm 迪尼玛绳牵引方式，将尾绳由塔身外倒入塔身内，并按前述要求，沿相应的空档位置引下至地面导向滑车。

二、专用抱杆高空提升保险系统布置

抱杆提升悬浮到位后，布置保险系统。保险系统四腿均设置，单腿为 100t 级，采用定长钢丝绳与拉杆，通过 4 只 25t 双钩调节，保证受力均匀。

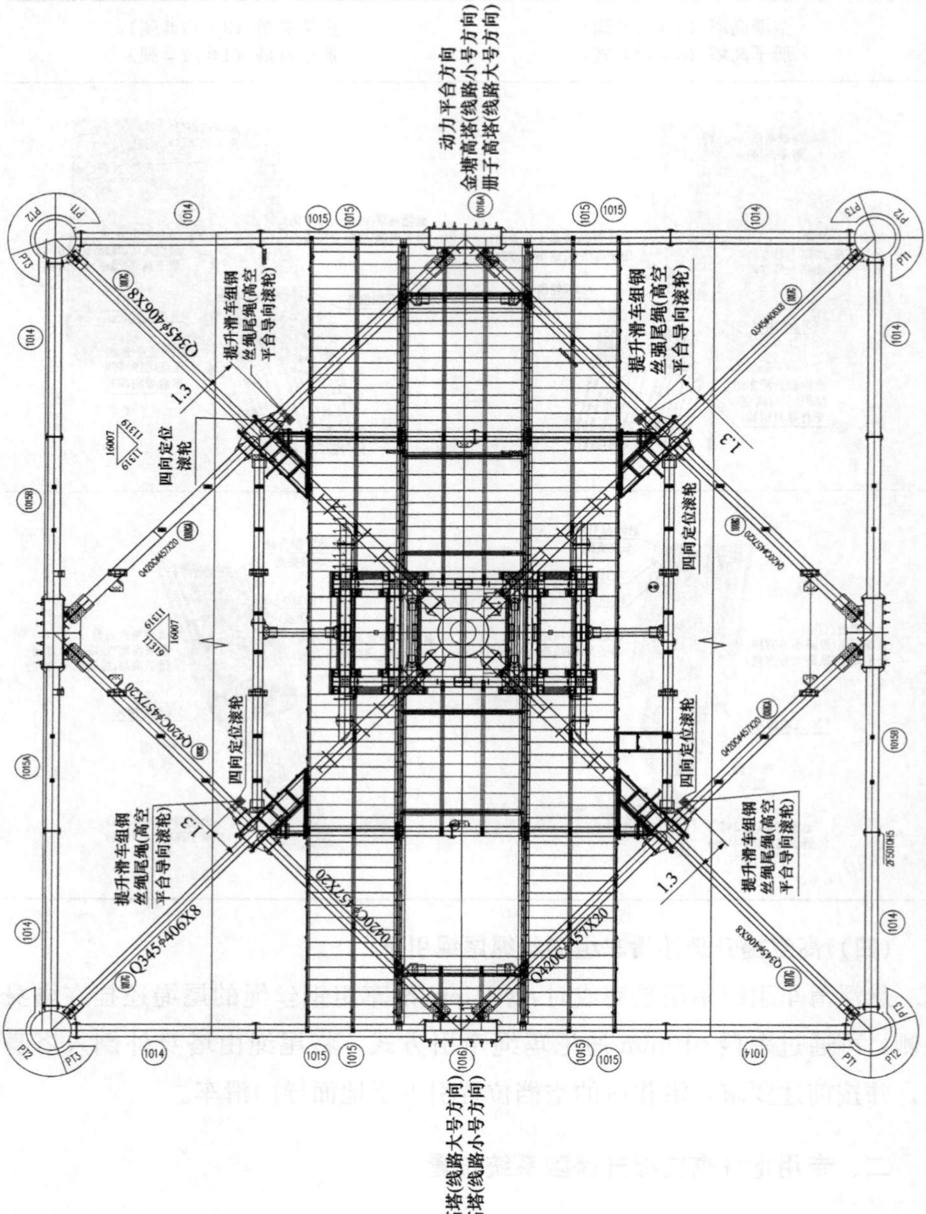

图 8-2 专用抱杆高提升悬浮滑车组钢丝尾绳在10段隔面的穿绳示意图

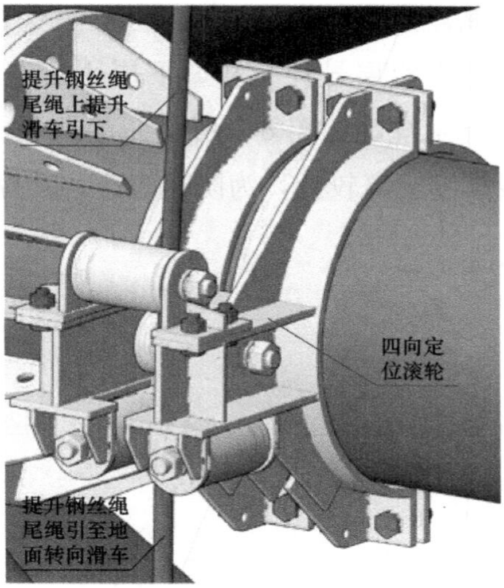

图 8-3　220m 高空平台四向定位滚轮安装示意图

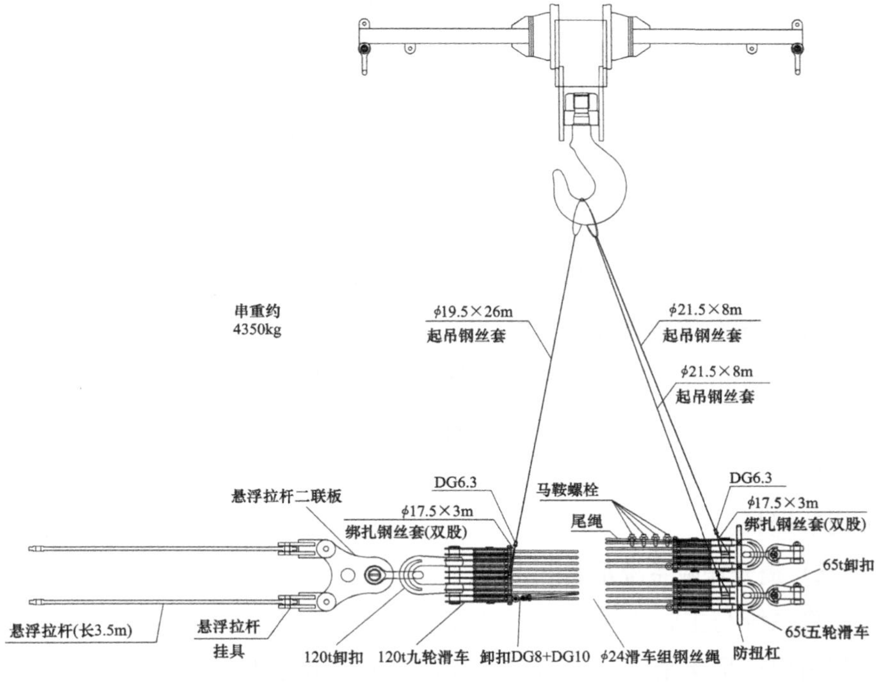

图 8-4　高空提升悬浮滑车组串吊装布置示意图

（一）抱杆特殊节悬浮拉杆布置

抱杆特殊节上预留有双层悬浮拉杆，下层用于连接提升悬浮滑车组，上层用于连接提升保险系统，如图 8-5 所示。考虑上层保险系统的二联板与下道腰环的主拉线高度距离较近，为防止磨碰，其拉杆做了减短处理。

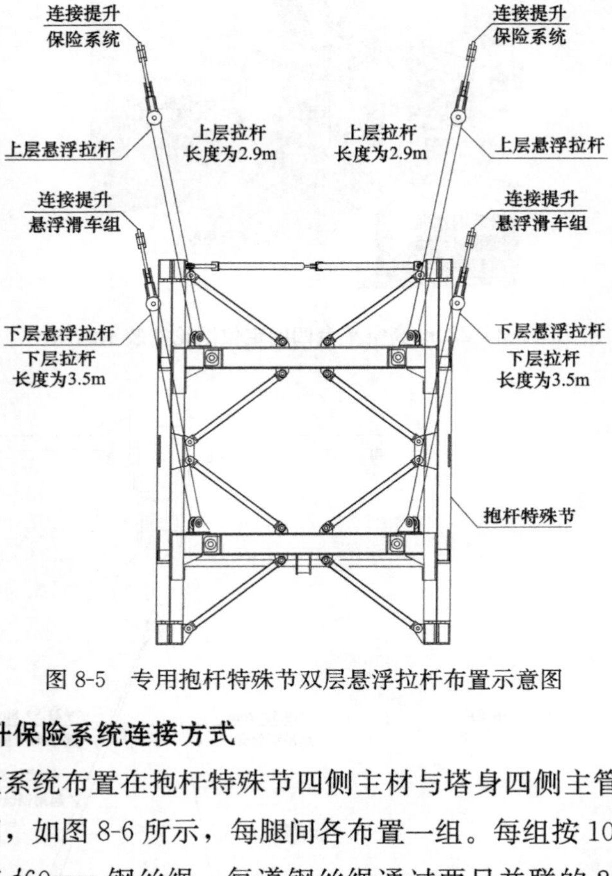

图 8-5　专用抱杆特殊节双层悬浮拉杆布置示意图

（二）提升保险系统连接方式

提升保险系统布置在抱杆特殊节四侧主材与塔身四侧主管 K 节点位置的提升板之间，如图 8-6 所示，每腿间各布置一组。每组按 100t 受力配置，主绳采用双道 ϕ60mm 钢丝绳，每道钢丝绳通过两只并联的 25t 双钩连接，用于调节绳长。

（三）提升保险系统吊装

保险系统与主管连接部分安装在主管上，与主管一起吊装，其余部分组串利用抱杆吊钩吊装。采用对角双侧同步起吊方式，单腿采用三点起吊，布置三根起吊绳，如图 8-7 所示。

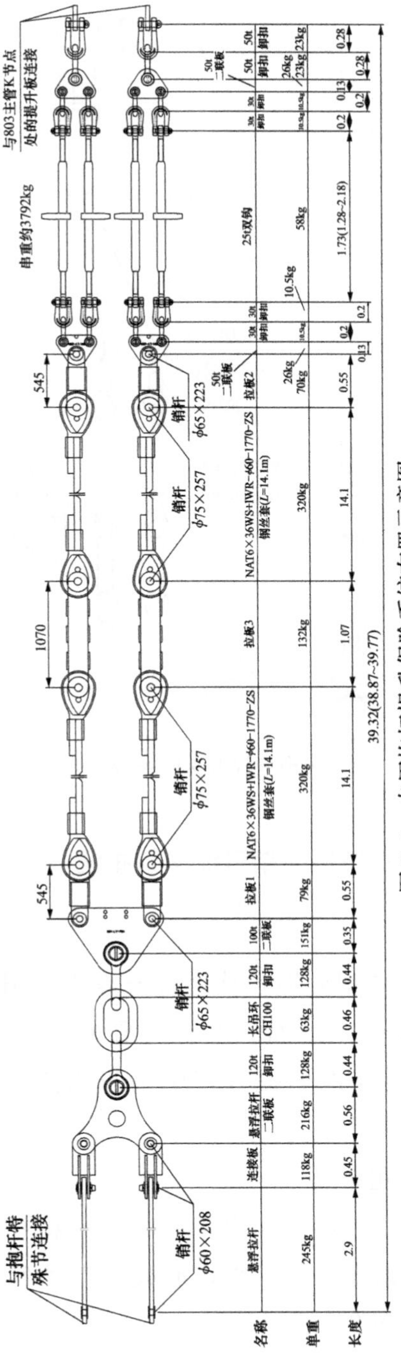

图 8-6 专用抱杆提升保险系统布置示意图

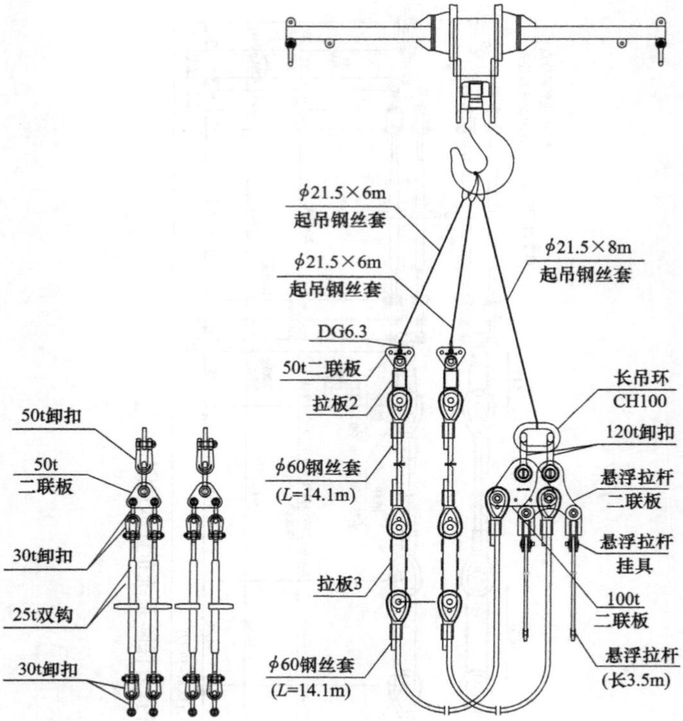

图 8-7　专用抱杆提升保险系统吊装示意图

三、专用抱杆高空提升地面牵引滑车组布置

（一）总体布置

提升悬浮滑车组的四根尾绳，从上提升点五轮滑车引出后，经 10 段高空平台四向定位滚轮引入地面一次转向滑车，再经地面二次转向滑车后，通过两次二合一后与地面提升牵引滑车组连接。总体布置如图 8-8 所示。

（二）地面牵引滑车组布置

抱杆四根提升磨绳从地面转向滑车引出后，采用两两串接方式进行两次二合一。接地面牵引滑车、钢丝绳，形成 6 道滑车组磨绳后，尾绳经导向引入提升牵引机，如图 8-9 所示。

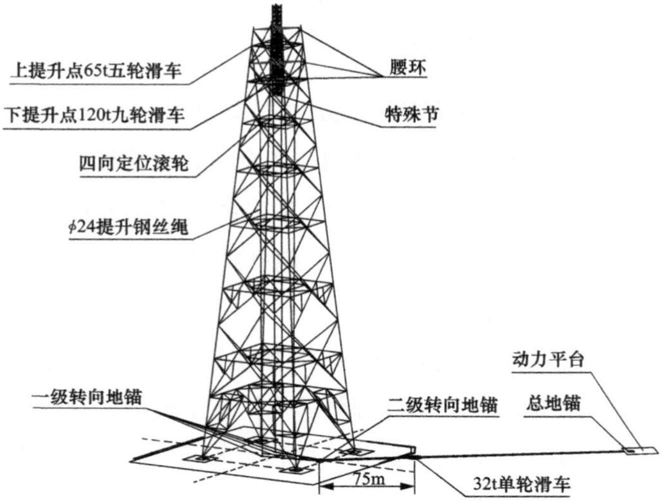

图 8-8　专用抱杆高空悬浮提升布置总图

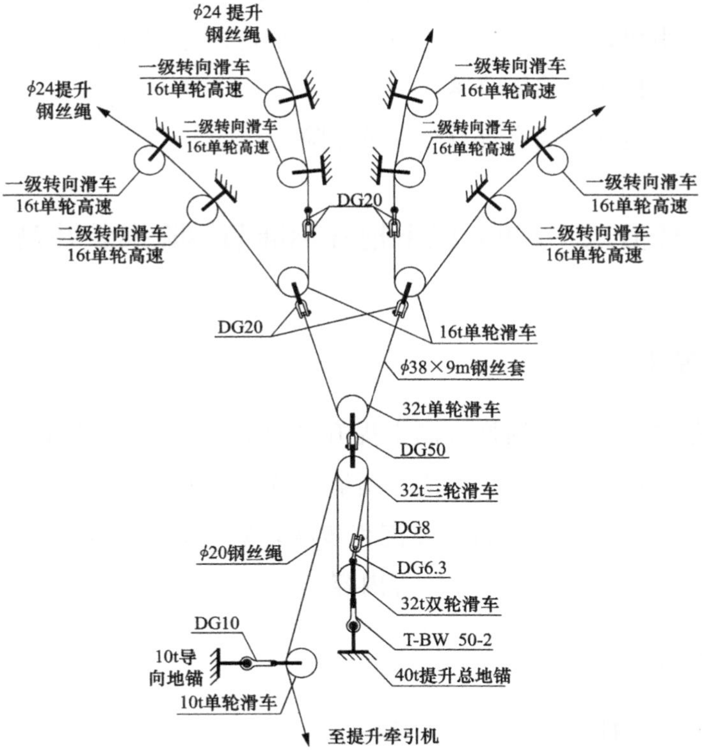

图 8-9　地面牵引滑车组走绳示意图

四、专用抱杆高空提升悬浮

抱杆提升利用地面顶升套架下顶升方式，承担抱杆全部重量，提升滑车组紧跟着抱杆高度的增加同步收紧滑车组余线，至抱杆顶升高度达到4m。

收紧地面牵引及高空提升滑车组，并在牵引机总地锚侧对提升牵引钢丝绳进行锚固保险，高处作业人员登上抱杆特殊节，完成提升保险系统悬浮拉杆与特殊节的连接安装。

拆除抱杆特殊节与下方标准节间的连接螺栓，然后操作抱杆地面顶升系统的顶升油缸，回松油缸，将悬浮部分的抱杆重量转移至提升悬浮滑车组上，拆除地面提升牵引钢丝绳的锚固保险，缓慢放松牵引滑车组，慢慢回落抱杆高空提升滑车组，待四腿保险系统的主钢丝绳基本受力后，即停止回松。

将地面提升牵引钢丝绳在总地锚上进行锚固，并利用手拉葫芦收紧，然后松出牵引机；然后将四根提升钢丝绳在地面导向地锚上各自进行锚固保险，利用手拉葫芦略微收紧。

如此完成抱杆的高空提升悬浮及保险。

任务二 220m以下抱杆标准节拆除换装井筒

【任务描述】

本任务主要讲解专用抱杆高空提升悬浮后220m以下抱杆标准节拆除换装井筒等内容。通过文字叙述、图解示意等，了解专用抱杆井筒提升横梁安装、标准节拆除、井筒吊装流程步骤，熟悉井筒提升横梁布置要求，掌握标准节拆除、井筒吊装方法等内容。

【知识要点】

（1）专用抱杆井筒提升横梁安装方法。

（2）专用抱杆220m以下标准节拆除方法。

（3）220m 以下井筒吊装方法。

【技能要领】

一、专用抱杆井筒提升横梁安装

井筒提升横梁安装于抱杆特殊节下方，考虑安装便捷性，宜在抱杆未悬浮前利用抱杆起重钩吊装。

由于井筒提升横梁重量相对较轻（约 3t），采用平臂单侧起吊，将提升横梁在地面组装完成后摆放在吊钩正下方，按图 8-10 要求布置好吊点，根据两个吊点的受力情况，通过葫芦调节使提升横梁基本成水平状态。将提升横梁从铁塔外侧起吊至 8 段 K 节点高度后，调整回转，使平臂与线路方向呈 45°，调整变幅小车的幅度到 6.5m，在塔身内沿抱杆小号方向由 8 段、9 段的隔面内下放至 235m 高度（即抱杆杆身特殊节下端高度位置），拆除特殊节及特殊节下方一节标准节大小号两侧的最顶部水平管及旋梯，将提升横梁由该空档内自小号侧向大号侧水平穿入（注意提升横梁的变幅小车侧应布置在线路小号侧），穿入时在提升横梁前端布置一根钢丝绳水平拉线助拉，提升横梁前端穿过抱杆特殊节后，可由设置在特殊节的葫芦收紧提起，同时慢慢松出起吊点上的葫芦直至串接的内侧起吊钢丝套不受力，即吊钩上仅外侧起吊钢丝套单根受力，通过特殊节上的葫芦、吊钩、水平拉线三者接力配合，完成提升横梁与支座的安装连接。提升横梁安装完毕后，安装好其两侧与特殊节预留板间的补强拉线，并将提升滑车组及钢丝绳系统穿引完成，如图 8-10 所示。

二、专用抱杆 220m 以下标准节拆除

抱杆处于悬浮状态后，开始拆除特殊节以下的标准节（合计 39 节）。标准节的拆除，可采用安装在抱杆杆身特殊节上的提升横梁由上向下逐节拆除；也可以按抱杆顶升逆程序，利用顶升套架，由下向上逐节拆除；两种方法都采用时，需注意上下层作业错开，严禁上下层同时作业。

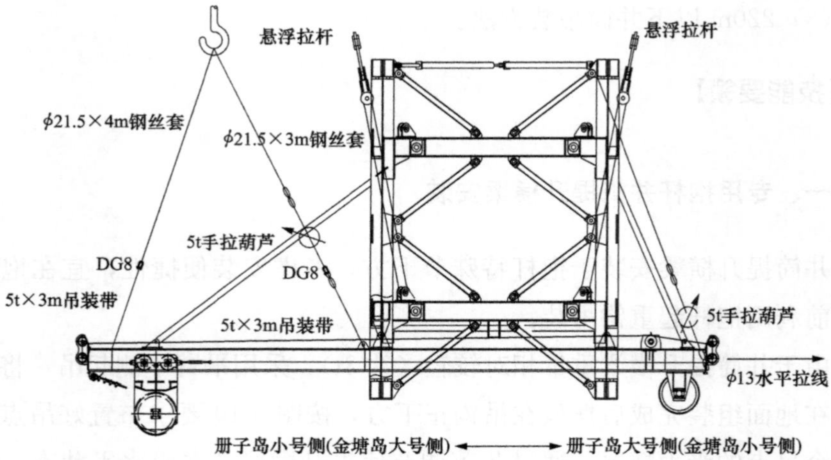

图 8-10 井筒提升横梁安装示意图

抱杆杆身上的腰环，在拆除至相应标准节高度时，拆除主拉线及防扭拉线，利用短钢丝套将腰环绑固在标准节四个主弦杆上。可随标准节顶升下降后，利用汽车吊拆除；也可利用井筒吊装系统单独吊装拆卸，利用钢丝套锁住腰环四侧的吊装板，起升吊钩，将腰环脱出标准节，然后小车水平变幅，移位到抱杆中心外侧，再下降到地面。

标准节拆至剩下 7 节（腰环剩两道）时，抱杆总高度仅 42m，可利用 100t 汽车吊拆除剩余部分杆身、套架及底座。

三、220m 以下井筒吊装

提升横梁上的井筒吊装系统采用 ϕ24mm 钢丝绳，配专用吊钩，采用 2 道绳吊装，允许吊重 15t。布置如图 8-11 所示。

井筒的吊装利用抱杆提升横梁由下向上逐节吊装，抱杆高空悬浮时共需安装 27 节永久井筒及 8 节施工井筒。永久井筒的吊具采用专用的吊装横梁；施工井筒连接法兰为 M64 连接螺栓，其吊具采用主管吊具，连接时采用主管法兰螺栓。

井筒安装时采用专用吊装横梁，吊装横梁下方与井筒法兰螺栓相连，井筒的外旋梯在地面组装时一并安装完成。51m 以下的 7 节井筒由 100t 汽

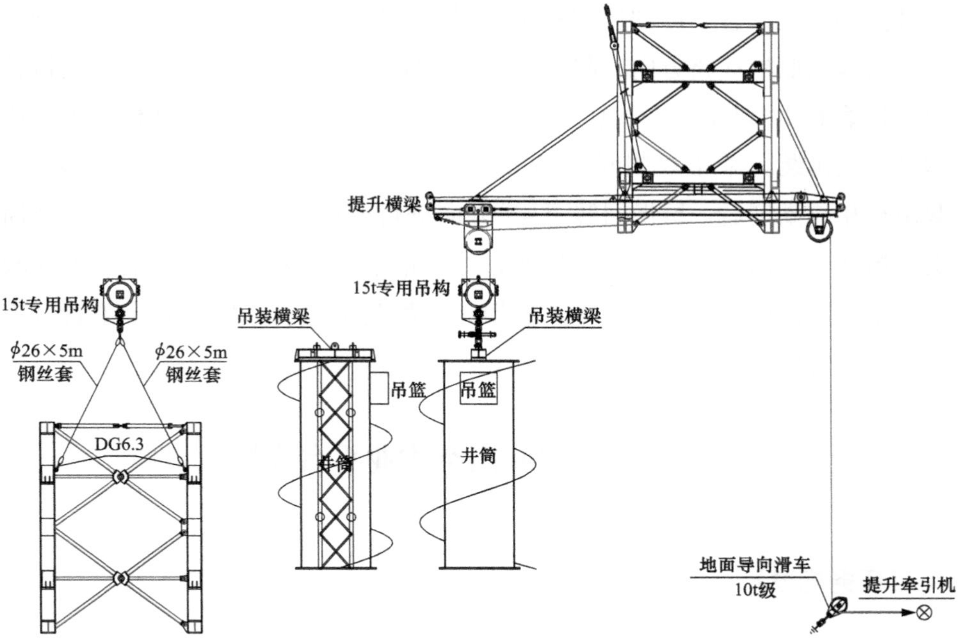

图 8-11 井筒换装示意图

车吊进行安装；51m 以上的井筒利用提升横梁及滑车组用牵引机作动力进行吊装。井筒在地面背向动力平台侧（金塘高塔为大号侧，册子高塔为小号侧）距中心 5m（吊钩正下方）处呈立式布置，两侧挂好吊篮，吊装梁上方与专用吊钩连接，由提升牵引机将井筒吊装至就位高度后，操作提升横梁上的变幅小卷扬机将变幅小车移动至标准节中心，缓慢松卸起吊滑车组，将井筒下放至就位对接面，操作人员可通过井筒外旋梯及吊篮进行就位操作。

安装时注意，井筒节的开门侧朝向动力平台（金塘高塔为小号侧，册子高塔为大号侧），井筒节预留施工电梯安装支座侧背向动力平台（金塘高塔为大号侧，册子高塔为小号侧）。

井筒吊装过程中，随吊装高度，在每段塔身隔面位置应及时安装好井筒与塔身之间的支撑管。15 段、14 段的井筒隔面支撑管，可利用 100t 汽车吊吊装，吊机停于塔身内侧，逐腿逐侧进行吊装；13 段、12 段及 11 段的井筒隔面支撑管，可利用抱杆吊钩吊装，采用双侧同步起吊，支撑管组装于塔身内侧横线路方向，起吊至相应高度后，缓慢回转至45°方向进行就位；10段的井筒隔面支撑管，涉及高空平台，为桁架式片梁结构，可利用抱杆吊钩吊装，采用双侧同步起吊，支撑管组装于塔身内侧横线路方向，起吊至相应高度后，缓慢回转至45°方向进行就位，吊装顺序为先45°井筒支撑桁架、再内片桁架、中片桁架、外片桁架。考虑高空平台结构尺寸较为紧凑，为保证安装顺利，每片桁架按先吊装下主管、后吊装上主管（带上下连接管件等）顺序吊装。

任务三　220m高空作业平台安装

【任务描述】

本任务主要讲解跨海铁塔220m高空作业平台安装方法等内容。通过文字叙述、图解示意等，了解220m高空作业平台的结构组成，熟悉高空作业平台的安装步骤，掌握高空平台安装及抱杆松落至高空作业平台的操作要求等内容。

【知识要点】

（1）220m高空作业平台结构组成。

（2）220m高空作业平台安装。

（3）抱杆松落至高空作业平台操作。

【技能要领】

一、220m高空作业平台结构组成

跨海铁塔高空作业平台设于220m高度位置的塔身10段隔面，采用钢管与角钢结合的桁架式结构作为受力主框架，桁架高度3m，支撑安装于

10 段主管与中心井筒之间。桁架主框梁上部安装主承重梁、分配梁、格栅平台、围栏扶手，形成宽度 12m 的高空作业平台。作业平台中间位置安装专用抱杆的底座，底座上方承坐抱杆顶升套架、标准节等构件。在作业平台靠塔身隔面水平管的三角孔洞处预留孔洞，用于地面与高空平台间的抱杆标准节、腰环等构件的吊装通道；同时铺设轨道及小车等，用于抱杆标准节在高空平台的放置与移位。

220m 高空作业平台平面及立面布置如图 8-12、图 8-13 所示。

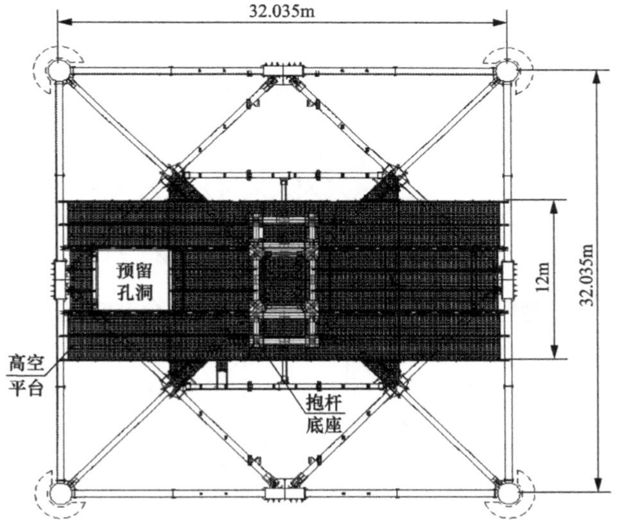

图 8-12　220m 高空作业平台平面布置示意图

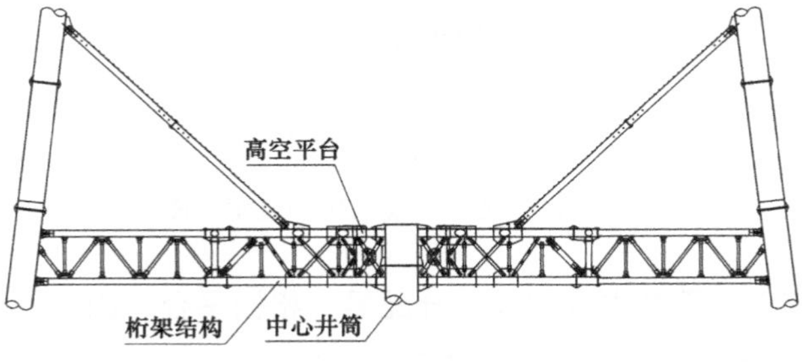

图 8-13　220m 高空作业平台立面布置示意图

二、220m 高空作业平台安装

（一）腰环拉线二次调整

高空作业平台采用顺线路布置，相关设施仍采用抱杆吊钩吊装。为方便吊装及就位，考虑采用顺线路方向进行起吊，需对腰环防扭拉线的打设进行二次调整。如图 8-14 所示，先恢复三道腰环横线路方向的四根防扭拉线，抱杆平臂顺线路布置，然后拆除顺线路方向的四根防扭拉线，该防扭拉线主管侧可仍保留连接，腰环侧用钢丝套串接后松挂在抱杆主弦杆上。

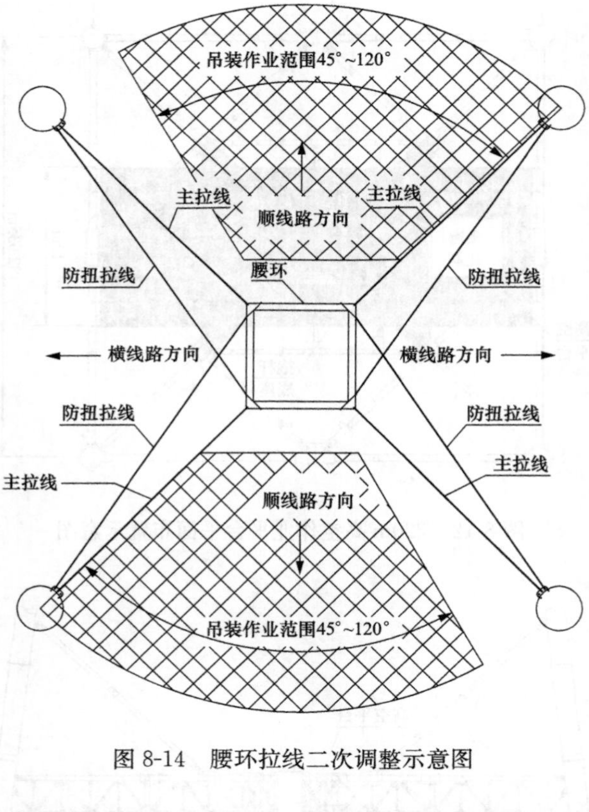

图 8-14 腰环拉线二次调整示意图

（二）高空作业平台主承重梁、分配梁、格栅平台、围栏扶手安装

高空作业平台的构件采用抱杆吊钩吊装，按先主承重梁后分配梁的顺序依次安装，然后铺设小车轨道及格栅平台，安装围栏扶手，并完成轨道

小车的吊装。

（三）腰环拉线三次调整

高空作业平台安装完成后，准备抱杆底架吊装。底架采用抱杆吊钩分片吊装，由于高空作业平台已经形成，顺线路已无空间，为方便吊装及就位，考虑采用横线路方向进行起吊，需对腰环防扭拉线的打设进行三次调整。先恢复三道腰环顺线路方向的四根防扭拉线，然后拆除横线路方向的四根防扭拉线，该防扭拉线主管侧可仍保留连接，腰环侧用钢丝套串接后松挂在抱杆主弦杆上。

（四）高空作业平台抱杆底架吊装

利用抱杆吊钩吊装抱杆底架，其吊装方法与地面抱杆组装时相同，按四片F形框架，逐次吊装。抱杆底架安装后，完成底架两侧的小车轨道与底架的连接。

（五）抱杆标准节高空吊装系统布置

抱杆标准节高空吊装系统借用9段横线路的两根水平管，布置V形钢丝套，形成吊装滑车组系统。

吊装滑车组系统布置于顺线路背向动力平台方向，如图8-15所示。两根起吊钢丝套上端锁于9段横线路两侧水平管的预留板上，下端锁于二联板上，二联板下接25t单轮滑车，与专用吊钩间用ϕ24mm钢丝绳穿引滑车组，走2道绳，末绳引入地面经导向滑车后引入牵引机，如图8-16所示。

吊装时，轨道小车应靠近塔中心。待标准节通过吊装井上升到10段平台以上后，操作轨道小车至标准节下方，回落标准节，使其落于轨道小车上。

（六）两节标准节安装

待抱杆标准节高空吊装系统布置完成后，准备抱杆悬浮回松前的两节标准节安装。

利用标准节高空吊装系统由地面吊装第一节标准节至高空作业平台，并放置于轨道小车上。操作小车移位至铁塔中心，利用井筒提升横梁的滑车组系统，吊装起标准节，移离小车，再松下井筒提升横梁的滑车组系统，将该节标准节与底架相连。

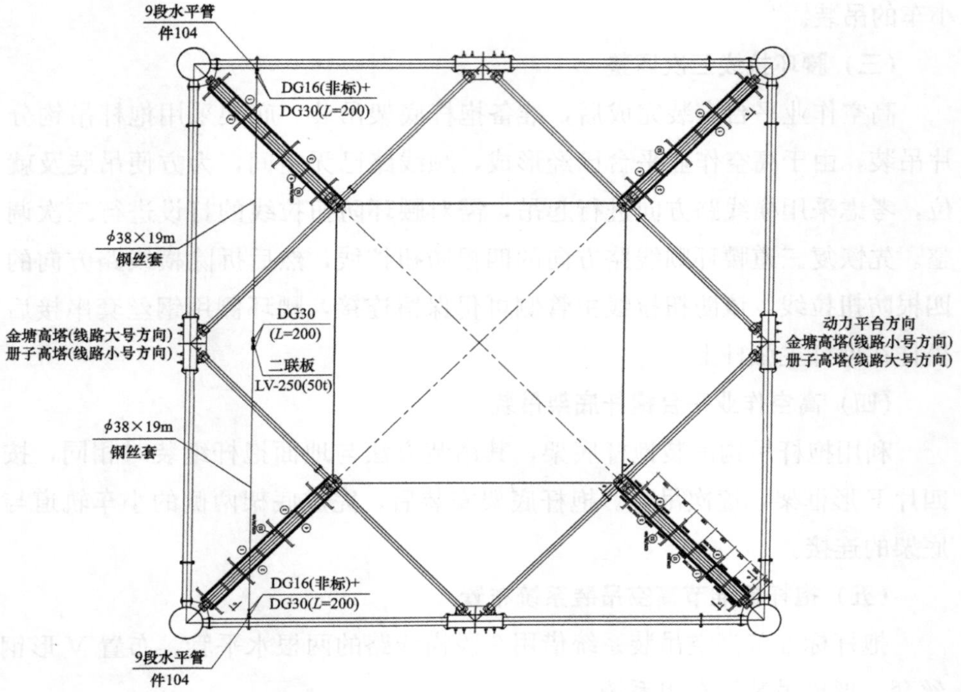

图 8-15　高空吊装标准节滑车组配置位置示意图

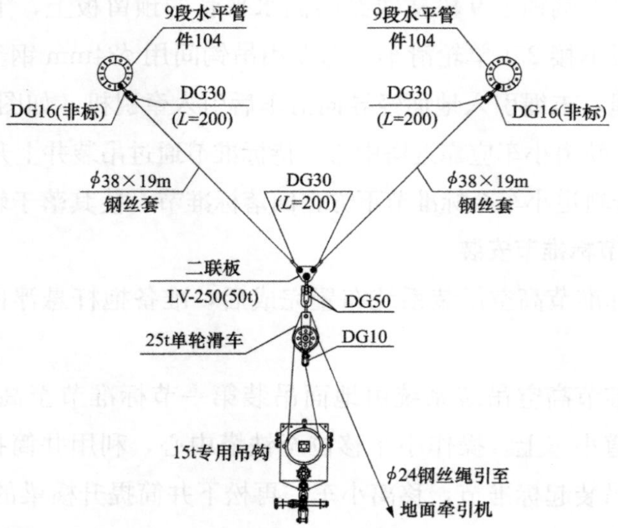

图 8-16　高空吊装标准节滑车组配置示意图

接着再利用标准节高空吊装系统由地面吊装第二节标准节至高空作业平台，放置于轨道小车上。操作小车移位靠近已吊装的第一节标准节旁，利用井筒提升横梁的滑车组系统，吊装起标准节，高度超过第一节标准节后，再变幅至塔中心，缓慢松下后与第一节标准节对接。

三、抱杆松落至高空作业平台操作

（一）抱杆回落

完成两节标准节的安装后，开始准备抱杆的回落。

利用地面提升牵引机重新收紧地面提升牵引滑车组，先后拆除 ϕ20mm 提升牵引钢丝绳、ϕ24mm 提升钢丝绳的锚固保险，再继续收紧牵引滑车组，至牵引钢丝绳的标识位置与提升悬浮时一致，即与抱杆提升悬浮操作时的状态相同，然后在牵引机总地锚侧对 ϕ20mm 提升牵引钢丝绳进行锚固保险，高处作业人员登上抱杆特殊节，拆除提升保险系统悬浮拉杆与特殊节的连接。

接着拆除 ϕ20mm 提升牵引钢丝绳的锚固保险，继续缓慢松出牵引机，下降悬浮的抱杆（垂直高度约 4.0m），使抱杆坐落于已安装在平台底座的两节标准节上。安装特殊节下端与标准节的螺栓，完成抱杆回落。

（二）提升保险系统拆除

提升保险系统利用抱杆吊钩，采用与安装相反的逆程序进行拆除。

（三）提升悬浮滑车组系统拆除

提升悬浮滑车组拆除时，可先用一根 ϕ11mm 钢丝绳接上 120t 九轮滑车侧的 ϕ24mm 钢丝绳首绳，ϕ11mm 钢丝绳另一端接入地面绞磨控制，缓慢牵引 ϕ24mm 钢丝绳尾绳，将滑车组内的 ϕ24mm 钢丝绳全部倒为 ϕ11mm 钢丝绳，再用 ϕ10mm 迪尼玛绳倒换 ϕ11mm 钢丝绳，最后人工拆除 ϕ10mm 迪尼玛绳。

上下滑车及连接件，利用抱杆吊钩拆除，方法与前述安装类似。

（四）抱杆顶升套架吊装

抱杆顶升套架布置于横线路方向，采用抱杆吊钩吊装，为方便吊装及就位，考虑采用横线路方向进行起吊，套架采用分片方式，利用抱杆两侧吊钩同步起吊，组于地面塔身内侧的横线路方向。

项目九

跨海铁塔钢管混凝土灌注施工

【项目描述】

本项目包含跨海铁塔钢管混凝土灌注施工等内容。通过任务描述、知识要点、技能要领等，了解跨海铁塔钢管混凝土灌注施工的总体布置，熟悉钢管混凝土泵送相关机具设置安装要求，掌握混凝土泵送的相关计算及钢管泵送导管浇灌法等内容。

任务一　钢管混凝土灌注施工

【任务描述】

本任务主要讲解跨海铁塔钢管混凝土灌注施工等内容。通过文字叙述、图解示意等，了解跨海铁塔钢管混凝土灌注施工的总体布置，熟悉钢管混凝土泵送相关机具设置安装要求，掌握混凝土泵送的相关计算及钢管泵送导管浇灌方法等内容。

【知识要点】

（1）跨海铁塔钢管混凝土灌注施工总体布置。
（2）混凝土泵送相关计算及泵机选型。
（3）钢管泵送导管浇灌方法。

【技能要领】

一、跨海铁塔钢管混凝土灌注施工总体布置

按设计要求，380m 跨海铁塔塔身 262.3m 高度以下主管内浇筑混凝土，单塔灌注方量 3200m^3，采用微膨胀自密实混凝土，粗骨料粒径不宜大于 20mm，强度等级 C50，14 天限制膨胀率（150～200）$\times 10^{-6}$，坍落度 200～240mm，自密实性能应满足 JGJ/T 283—2012《自密实混凝土应用技

术规程》SF1 性能等级要求。混凝土氯离子含量不大于0.1%，严禁使用含氯化物类的外加剂。

根据跨海铁塔钢管混凝土结构特点，结合铁塔组立施工方案，经过综合比较分析，采用泵送导管浇灌法。结合现场地形、场地、运输等综合条件，可采用设置现场集中搅拌站或外部供应方式提供混凝土。混凝土运输采用罐装车。混凝土泵车布置在离塔腿 15～50m 处，沿高塔主管外侧布置泵管，在灌注段主管顶部布置灌注施工平台，在主管内布置导管，沿主管内的导轨下放至灌注段主管底部，现场布置如图 9-1 所示。

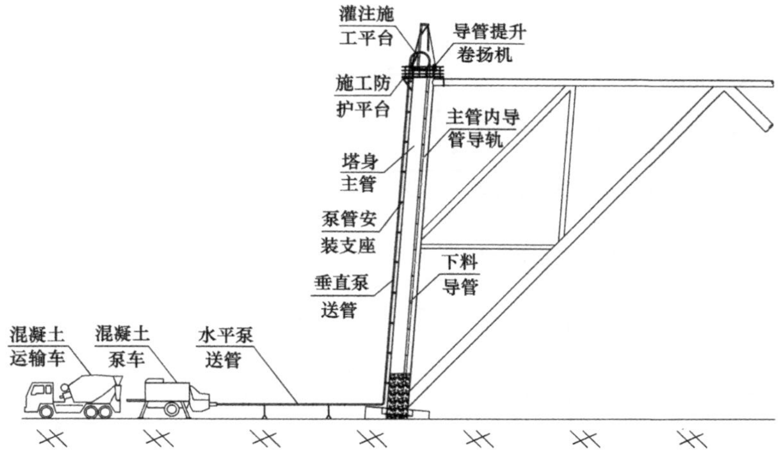

图 9-1　钢管混凝土泵送导管浇灌法施工布置示意图

结合 380m 跨海铁塔结构特点，将塔身主管混凝土灌注分为 8 段，如图 9-2 所示。

二、施工技术准备

（一）混凝土原材料选用及配合比设计

根据设计提出的钢管混凝土参数性能要求，粗骨料选用 5～20mm 连续级配碎石，砂料选用河砂（中砂），水泥选用海螺 P·O42.5 级普通硅酸盐水泥，粉煤灰选用Ⅱ级灰，外加剂选用 SY-PA 型高效减水剂，膨胀剂选用 FQY 型高性能膨胀剂。高塔混凝土配合比设计结果为（单位 kg/m^3）：水泥（398），粉煤灰（80），砂（780），石子（915），水（175），高效减水剂（7.96），膨胀剂（53）。砂率为46%，实测坍落度为228mm，实测扩展度为560mm，实测混凝土14天限制膨胀率为190×10^{-6}，均符合设计要求。

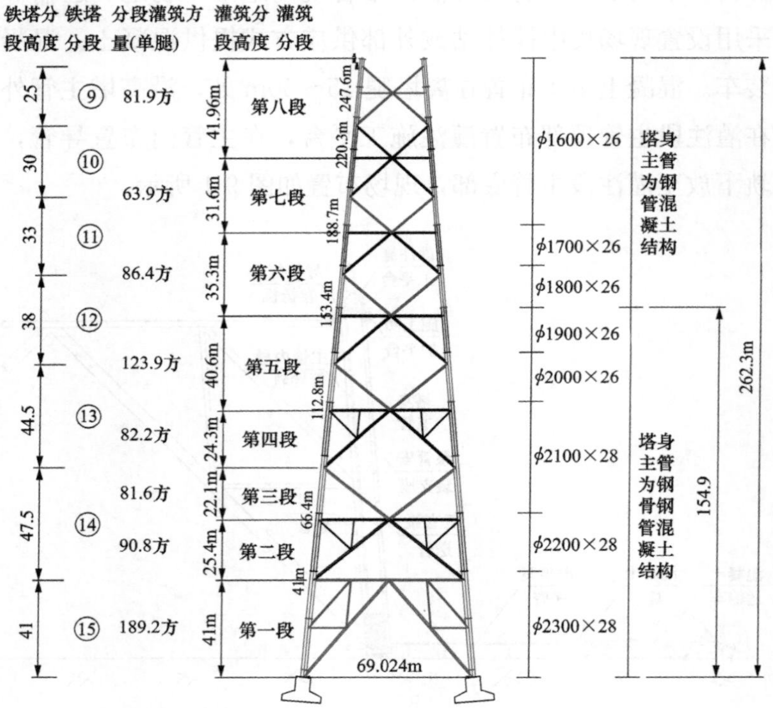

图9-2 380m跨海铁塔钢管混凝土灌注分段示意图

（二）泵送计算及混凝土泵的选型

根据JGJ/T 10—2011《混凝土泵送施工技术规程》要求，进行泵送计算及混凝土泵的选型。

$$L_{\max}=\frac{P_{e}-P_{f}}{\Delta P_{H}}\times10^{6} \tag{9-1}$$

$$\Delta P_{H}=\frac{2}{r}\left[K_{1}+K_{2}\left(1+\frac{t_{2}}{t_{1}}\right)v_{2}\right]a_{2} \tag{9-2}$$

$$K_{1}=300-S_{1} \tag{9-3}$$

$$K_{2}=400-S_{1} \tag{9-4}$$

式中　L_{max}——混凝土泵最大水平输送距离，单位 m；

P_e——混凝土泵额定工作压力，单位 MPa；

P_f——混凝土泵送系统附件及泵体内部压力损失，单位 MPa；

ΔP_H——混凝土在水平输送管内流动每米产生的压力损失，单位 Pa/m；

r——混凝土输送管半径，单位 m；

K_1——黏着系数，单位 Pa；

K_2——速度系数，单位 Pa·s/m；

$\frac{t_2}{t_1}$——混凝土泵分配阀切换时间与活塞推压混凝土时间之比，当设备性能未知时，可取 0.3；

v_2——混凝土拌合物在输送管内的平均流速，单位 m/s；

α_2——径向压力与轴向压力之比，对普通混凝土取 0.90；

S_1——混凝土坍落度，单位 mm。

混凝土输送管直径为 ϕ125，半径 $r=0.0625$m，混凝土坍落度取 $S_1=228$mm，混凝土在输送管内的平均流速取 $v_2=1.13$m/s（按普通混凝土的平均泵送速度为 50m^3/h 取），计算得 $\Delta P_H=9.36\times10^3$(Pa/m)。

380m 跨海铁塔混凝土设计最大灌注高度为 262.3m，取最大垂直泵送高度为 270m，混凝土泵至垂直泵送起点水平距离取 50m，2 根 90°弯管，1 根软管，换算成最大水平输送距离为 $L_{max}=270\times4+12\times2+20=1124$(m)，相对应混凝土泵的最大出口压力 $P_{max}=L_{max}\times\Delta P_H=1124\times9.36\times10^3=10.52$（MPa），考虑混凝土泵起动内耗 1.0MPa，管路截止阀 1 个（0.1MPa），分配阀 1 个（0.2MPa），则所选混凝土泵输送压力不应小于 13.82MPa。

根据计算结果，本工程选用型号为 HBT105.21.286RS 的混凝土泵，其输送压力为 21MPa，满足工程使用要求。

三、现场机具安装

（一）泵管安装

跨越塔每根主管均设置 1 套输送泵管，布置在主管 45°外侧靠爬杆位置。为方便泵管安装固定，在跨越塔结构设计阶段，即考虑预留安装支座及连接件，按 2～3m 高度间隔设置，如图 9-3 所示。

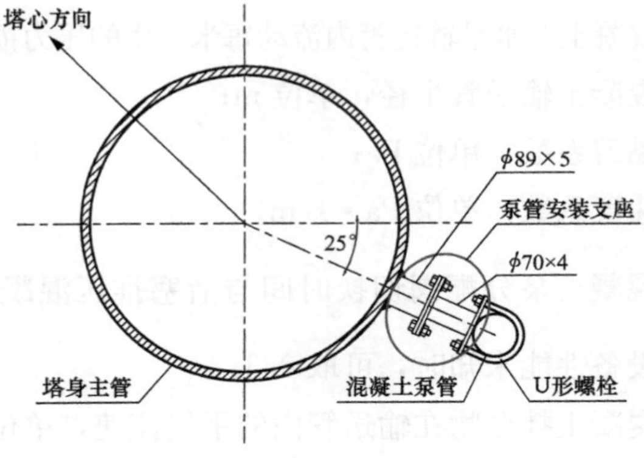

图 9-3　泵管附着安装示意图

（二）混凝土灌注施工平台设置

为保证高空作业人员安全，在高塔相应灌注分段节点的主管四周设计了施工防护平台，如图 9-4 所示。

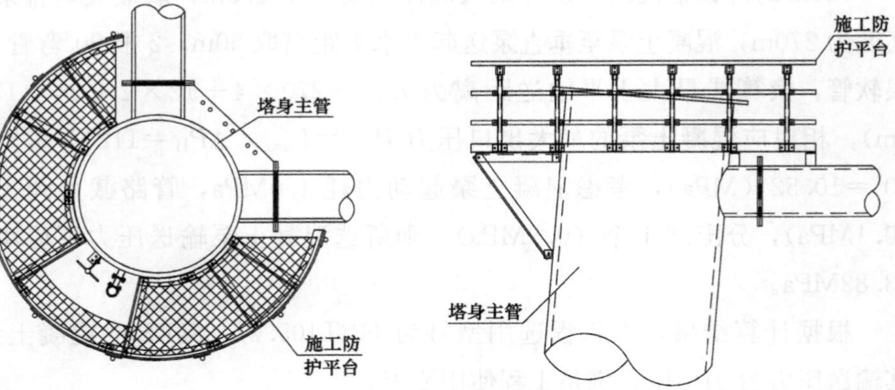

图 9-4　主管节点施工防护平台布置示意图

考虑导管安装、提升、拆除及混凝土泵送作业需要，在主管法兰上口单独布置混凝土灌注施工平台，如图 9-5 所示。

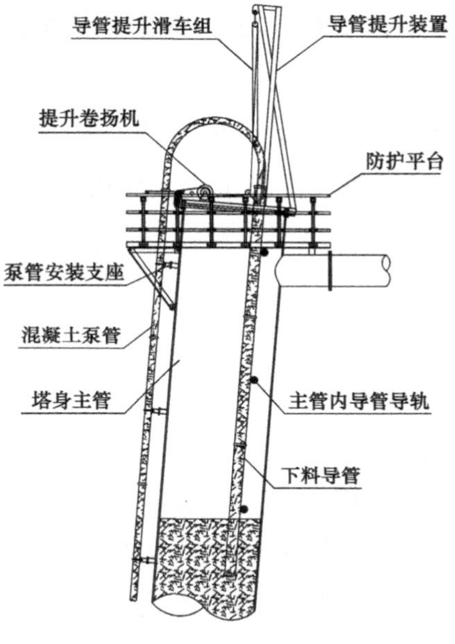

(a)

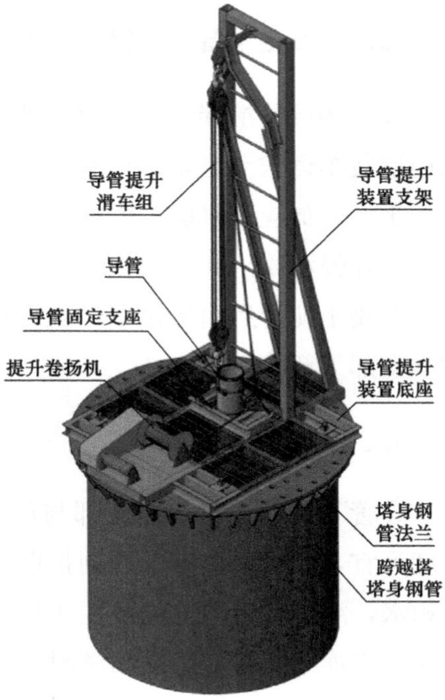

(b)

图 9-5　钢管顶部灌注施工平台布置示意图

（a）施工平台总体布置示意图；（b）导管提升装置布置示意图

导管提升装置结合钢管顶部法兰的平面及法兰螺栓孔，合理布置底座、支架、提升钢丝绳滑车组、固定支座、卷扬机等，实现电动牵引机械手段的导管安装及拆除。

（三）导管安装

跨越塔主管内的角钢骨架与主管对应分段，骨架中间设计了下管、拔管用的导轨，如图 9-6 所示，导管分节安装拆除时，沿导轨滑滚，减小摩阻力。

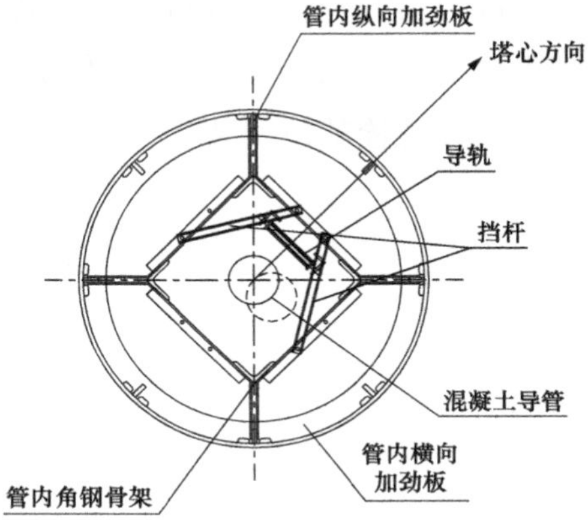

图 9-6　主管内导轨布置示意图

四、混凝土制备、运输、泵送

在现场设置搅拌站，采用自动计量配量，实现混凝土的集中搅拌，再利用罐装车运输至泵车进行泵送。

工作人员应认真监控搅拌站微机控制系统及自动计量系统，确保计量准确。加强混凝土和易性、坍落度检测，防堵管或混凝土泌水离析。

混凝土搅拌后由运输车运至现场，送入混凝土泵。泵管选用高强耐磨型（全部为新购）。

五、混凝土灌注

导管下管安装时，按底部与已浇注完成的混凝土顶面保持 30～50cm 高度为宜，以确保混凝土顺利扩散且不发生离析。灌注时管内不得有杂物和积水，灌注前管内应先灌注 1 层 100～200mm 厚同强度等级砂浆。钢管混凝土应连续灌注，必须间歇时，间歇时间不得超过混凝土初凝时间。灌注过程中，需根据钢管内混凝土灌注方量准确计算出导管的埋深，以保证拔除导管时，导管的埋深不小于 0.8m。导管提升速度应与钢管内混凝土上升速度相适应，避免提升过快造成混凝土脱空，或提升过晚造成拔管困难。当导管内的混凝土不畅通时，可将导管上下提动，上下提动的范围应控制在 300mm 以内。每个分段接点处的钢管混凝土，其灌注高度应按在清除表面带浮浆面层后比钢管法兰盘低约 1.2m 进行控制，以便于铁塔组立时主钢管吊装及螺栓就位安装。

项目十

跨海铁塔组立施工安全控制措施

【项目描述】

本项目包含跨海铁塔组立安全风险点分析及预控措施、安全辅助设施等内容。通过任务描述、知识要点、技能要领等，了解跨海铁塔组立施工面临的主要安全风险点，熟悉安全辅助设施的布置要求，掌握各安全辅助设施的使用要求等内容。

任务一 安全风险点分析及预控措施

【任务描述】

本任务主要讲解跨海铁塔组立施工主要安全风险点及对应预控措施等内容。通过文字叙述、说明分析，了解跨海铁塔组立施工面临的主要安全风险点，熟悉安全风险点的存在特点，掌握对应的预控措施等内容。

【知识要点】

（1）跨海铁塔组立施工安全风险点。
（2）主要安全风险点存在特点。
（3）安全预控措施。

【技能要领】

一、跨海铁塔组立施工安全风险点

结合跨海铁塔所处的浙江沿海舟山海岛地理环境条件，及380m高度、复杂组立施工工序作业特点，跨海铁塔组立面临的主要安全风险点包括高空坠落、物体打击、起重伤害、触电、缺氧窒息、淹溺、恶劣天气影响等。

二、安全风险点存在特点

380m跨海铁塔单件重量大，组立施工采用分解式吊装安装方法，大量的铁塔构件需频繁地由地面吊至高空，再由施工人员在高空进行就位安装、紧固螺栓等作业。同时，钢管混凝土灌注、专用抱杆的安装提升拆除、施工临时辅助用具的安装拆除等也需要施工人员在高空进行配合作业。施工人员大量的超高度、频繁高处作业，及塔位所处的浙江沿海海岛位置等特点，带来了施工人员高空坠落、高空落物物体打击安全风险的成倍提高。

跨海铁塔组立涉及大量的大型起重机械，包括400t履带吊、100t汽车吊、70t汽车吊等流动式起重机，以及大吨位新型专用座地双平臂抱杆。大量起重机械的施工吊装作业，稍有不慎，即有脱钩砸人、钢丝绳断裂抽人、移动吊物撞人、钢丝绳剐人、滑车碰人、起重设备倾翻等事故发生，存在较大的起重伤害风险。

大吨位新型专用座地双平臂抱杆的起吊、变幅、顶升、回转等全套系统均采用电机驱动或控制，供电电缆由变压器引出后经场地内地埋后，设有多级配电箱，并有沿抱杆外侧引上至抱杆顶部的电缆线。现场用电设备较多，配电箱及电缆线布置范围及位置较广，在用电管理上稍有不慎，即容易发生人身触电事故。

380m高塔281.5m以下的主管采用内法兰结构，内法兰螺栓安装及紧固时，施工人员必须进入主管内部。由于主管内部空间较为狭小及相对封闭，施工人员长时间在钢管内作业，有发生缺氧窒息的可能。

380m高塔地处海岛，其中册子岛高塔塔位不通汽车，塔料运输无法采用车运方式直接到达，必须采用船运方式。大量的塔材需频繁地在码头装卸，并在海上进行大跨距船舶运输，码头及船上作业人员存在落水淹溺风险。

380m高塔地处浙江沿海的舟山，属典型的海岛气候，气象条件复杂，且常年风力较大，对高塔组立施工，特别是高处作业的安全影响较大。

三、安全预控措施

结合跨海铁塔组立施工安全风险点的存在特点分析，对应各个风险点，提出下列具体预控措施。

（一）高空坠落

（1）高处作业人员需经体验合格，每天登高作业前对体质及精神状态进行确认。

（2）遇恶劣天象条件，如雷雨、暴雨、浓雾、六级及以上大风等，不得进行高处作业。

（3）高处作业人员应衣着灵便，穿软底鞋，全部配用全方位防冲击安全带。

（4）每根高塔吊装段主管及大斜管上均设置速差自控器，为高处作业人员垂直攀爬时提供全过程保护。

（5）在每一根水平管及腰环扶绳上方均设置水平扶手绳，供高处作业人员水平换位时使用。

（6）259m及以下塔身主管水平节点处主管外侧设置操作平台，主管内法兰位置设置站位小平台，由主管45°外侧爬杆至内侧各施工板均设有移位踏板或爬杆，各主管、大斜管、水平管就位点均挂设施工吊篮，为就位安装等操作时提供可靠的站位平台保护。

（7）在塔身112.8m、220.3m、293m高度位置水平隔面平台设置安全网，提供安全保护。

（8）抱杆标准节配设有内旋梯，供高处作业人员上下使用。

（二）物体打击

（1）做好对起吊构件的检查，特别是各组装部件及吊挂件，确保安装连接牢固可靠；对各管件内部进行清理，严防遗留螺栓、工具。

（2）起吊及就位过程中，吊件下方、作业点下方严禁站人；高处作业，尽量避免双层作业。

（3）高处作业使用的各类小工器具，必须系有安全绳，吊挂在铁塔构件上；使用时应加强检查，确保安全绳完好。

（4）施工就位用螺栓等应放置在专用的工具袋内，工具袋严禁超重使用。

（5）高空各起吊钢丝绳等工器具拆除时，应预先用绳索保险，拆除后及时固定在塔身上或随吊钩或另外钢丝绳下放至地面，严禁抛扔。

（6）塔段组至相应高度后，应及时安装好 112.8m、220.3m、293m 三处安全网。

（三）起重伤害

（1）吊机、抱杆等起重设备应严格按方案要求进行布置，作业前进行全面检查，按规程要求进行操作。

（2）吊机必须由专业起重机手操作，服从指挥人员指挥信号。

（3）起重臂及吊件下方划定安全区，严禁无关人员入内。

（4）抱杆各系统每天作业前应进行检查，对重点部位，每次起吊前均应检查。

（5）抱杆的起吊及提升布置必须符合方案要求，各使用工况必须满足抱杆特性要求，严禁超载起吊。

（四）触电

（1）采用绝缘电缆线。

（2）电缆引上时在抱杆标准节或井筒上，每隔一定间距采用可靠的方式进行固定连接。

（3）电缆地埋时应设外护套管，并做好埋设位置、线路标识，防止意外损坏。

（4）塔腿段主管及井架底座应安装好接地线，与接地网做可靠连接。

（5）抱杆提升过程中，设专人负责同步放出电缆余线。

（6）配电箱在电源进线侧应装设三相剩余电流动作保护器。

（7）设专职电工，负责现场所有的电气维护，严禁无证人员操作。

（五）缺氧窒息

（1）由塔腿主管起直至 281.5m，在主管内部设置通风管，其分段与主管对应一致，通风管在地面引出后由鼓风机带动，负责管内空气流通。

（2）人员进入管内作业时，设专人在主管上口监视，并设报话机保持联系。

（3）管内作业人员配设头灯及应急灯，供照明使用。

（六）淹溺

（1）运输船只必须证件齐全，符合安全使用要求。

（2）驾驶员必须严格按照海上航行相关规程要求驾驶船只，遇恶劣天气时船只不得出行。

（3）船上应配设足够数量的救生衣，乘船人员必须穿戴好救生衣。

（七）恶劣天气影响

（1）施工时，与气象部门保持密切联系，取得专业的对口服务。

（2）设专人负责气象信息收集，对可能出现的恶劣气象条件及时通知现场。遇恶劣气象时，应停止施工。

（3）现场安装风速仪，严密监控风速情况，结合气象部门的预报，判定气象条件是否符合安全作业要求。

任务二 安全辅助设施

【任务描述】

本任务主要讲解跨海铁塔组立施工安全辅助设施等内容。通过文字叙述、图解示意、说明介绍，了解跨海铁塔组立施工安全辅助设施的类别，熟悉各安全辅助设施的布置特点，掌握各安全辅助设施的使用方法等内容。

【知识要点】

（1）安全辅助设施类别。

（2）安全辅助设施布置特点。

（3）安全辅助设施使用方法。

【技能要领】

为保证高塔组立安全，提高高塔组立本质安全水平，配设相应的辅助设施。

一、登塔设施

（1）垂直爬杆：每个塔腿主管的 45°外侧方向均设有垂直爬杆，并配设速差自控器、攀登自锁器，可供主管吊装就位时人员上下攀爬。

（2）抱杆内旋梯：抱杆标准节内部配设有内旋梯，高处作业人员可由地面沿抱杆旋梯登至相应施工段后再沿主管垂直爬杆攀爬，提高安全保障。

（3）斜管外脚钉：塔身斜管外壁及水平管球头节点等副头管处均设有脚钉，可供就位安装时高处人员攀爬，配速差自控器保护。

二、施工就位平台

259m 以下塔身主管水平管节点均设有主管外施工就位平台，如图 10-1 所示，该平台高度 1.2m，宽度 0.9m，包围在主管外沿 270°范围内。平台可供该节点法兰螺栓就位安装时人员站位，还可兼作主管混凝土灌注操作平台。

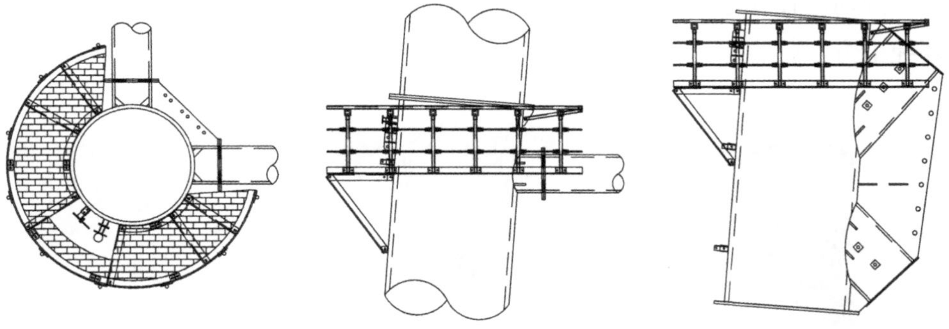

图 10-1　主管水平管、K 节点施工平台示意图

281.5m 以下主管采用内外法兰，其内法兰就位安装点下方约 1.2m 位置设有站位平台，如图 10-2 所示。站位平台沿内部角钢骨架采用四片分布，供内法兰就位安装时人员站位；同时连接布置安全网，并在主管内壁离站位板上方 0.7m 处设有圆钢扶手，供就位人员手扶用。

三、施工就位吊篮

根据高塔结构特点，吊篮设计有三种形式：第一种适用于主管外法兰就位，采用 ϕ11mm 钢丝套、DG2 型卸扣垂直安装于主管法兰筋板上或采用绑带绕绑在水平管上（见图 10-3（a））；第二种适用斜管法兰就位，安装时依附在斜管下方，采用绑带绕绑在斜管上（见图 10-3（b））；第三种适用于水平管法兰就位，安装时依附在水平管下方，采用绑带绕绑在水平管上（见图 10-3（c））。

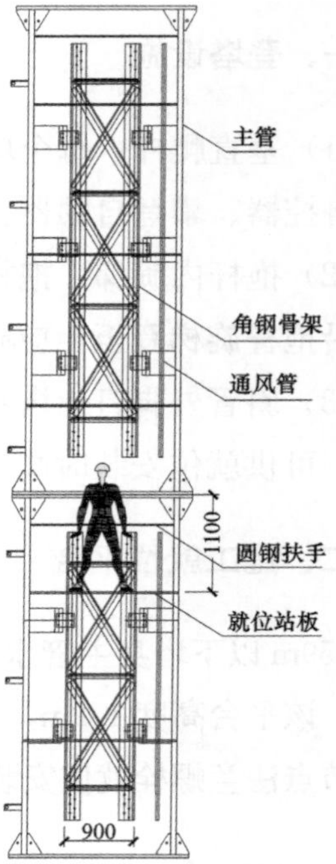

图 10-2　主管内站位平台示意图

四、高空移位保护

保护高处作业时人员的移位保护，主要有水平管扶手及腰环绳扶手两种，如图 10-4 所示。水平管扶手采用钢绞线，在塔身每根水平管上均设有；腰环绳扶手也采用钢绞线，分别设置在塔身各段水平管位置的腰环绳上方。

(a)　(b)　(c)

图 10-3　就位吊篮使用示意图

（a）主管外法兰就位吊篮；（b）斜管法兰就位吊篮；（c）水平管法兰就位吊篮

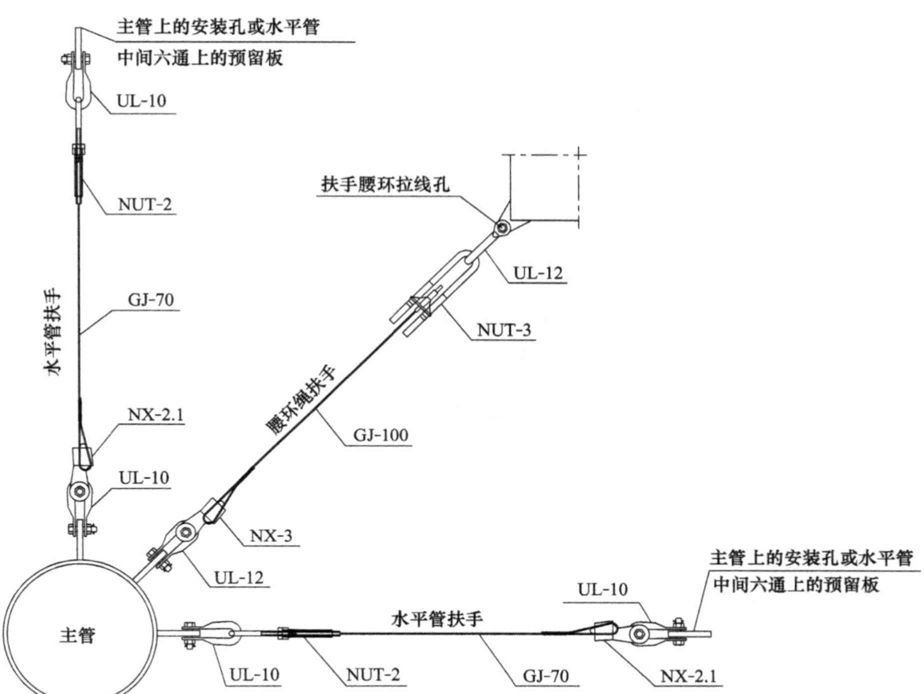

图 10-4　扶手绳设置示意图

五、高空平台安全网

高空平台安全网设置三道，如图 10-5 所示：第一道设置在塔身 13 段水平隔面（高 112.8m），采用 4 块 380-AQW-01 型安全网（三角形）及 16 块 380-AQW-02 型安全网（三角形）；第二道设置在塔身 10 段水平隔面（高 220.3m），采用 2 块 380-AQW-03 型安全网（三角形）、4 块 380-AQW-04 型安全网（三角形）、4 块 380-AQW-05 型安全网（三角形）及 4 块 380-AQW-06 型安全网（三角形）；第三道设置在塔身 7 段水平隔面（高 293m），采用 4 块 380-AQW-07 型安全网（三角形）及 8 块 380-AQW-08 型安全网（三角形）。

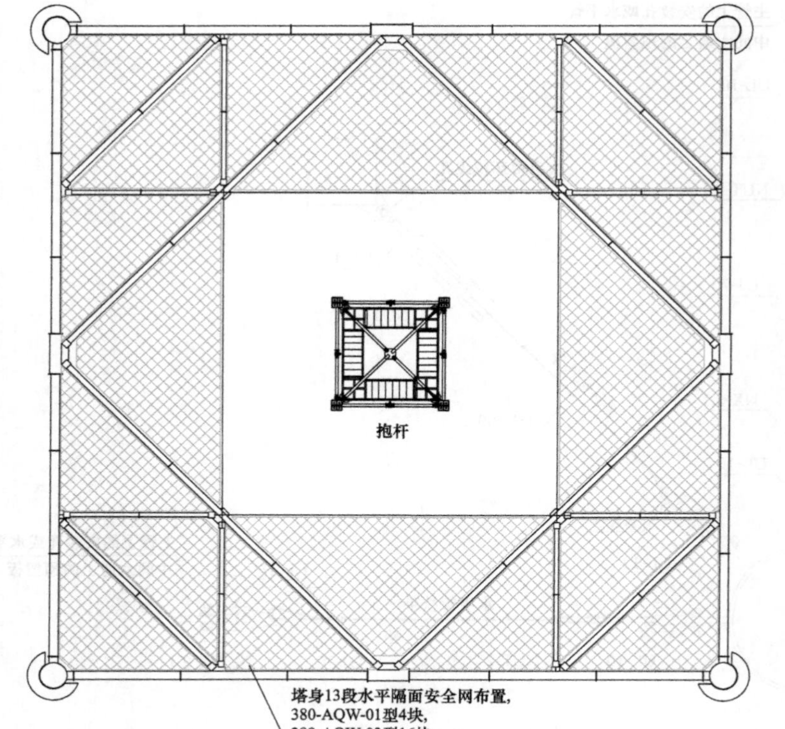

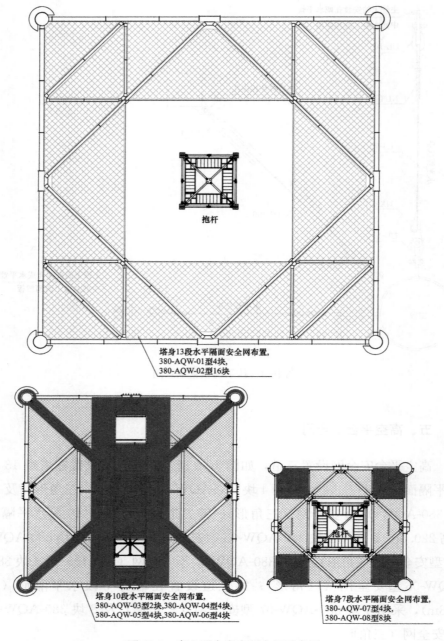

图 10-5 高空平台安全网布置示意图

项目十一

跨海铁塔组立施工质量控制措施

【项目描述】

本项目包含跨海铁塔组立施工质量控制重点分析及预控措施等内容。通过任务描述、知识要点、技能要领等，了解跨海铁塔组立施工面临的质量控制重点，熟悉质量控制重点的分析方法，掌握各项预控措施等内容。

任务一　施工质量控制重点分析及预控措施

【任务描述】

本任务主要讲解跨海铁塔组立施工质量控制重点分析及预控措施等内容。通过文字叙述、说明分析等，了解跨海铁塔组立施工面临的质量控制重点，熟悉质量控制重点的分析方法，掌握各项预控措施等内容。

【知识要点】

（1）跨海铁塔组立施工质量控制重点。

（2）跨海铁塔组立施工质量预控措施。

【技能要领】

一、跨越铁塔组立施工质量控制重点

根据跨海铁塔高度、结构等设计参数特点，结合设计图纸及施工验收规范要求，从组立施工质量控制方面进行分析，面临的主要质量控制重点包括结构倾斜控制、钢管镀锌及防腐漆保护、螺栓紧固扭矩控制等。

二、跨越铁塔组立施工质量预控措施

（一）结构倾斜控制

（1）立塔施工前，对基础尺寸进行复核，确认其根开、顶高差符合设

计要求，并记录数据。

（2）按图纸要求组装，其部件数量必须齐全，规格符合设计要求。

（3）设专职测量人员，在每段铁塔水平隔面吊装完成后，对正侧面的结构倾斜情况进行测量记录，发现超出规范要求的，立即停止吊装，及时查明原因。防止误差累积至塔顶，造成弯曲及倾斜超标。

（4）262.3m 以下主管混凝土灌注施工时，应按两对角主管先后浇筑，避免单侧浇筑。

（二）钢管镀锌及防腐漆保护

（1）运输装卸时合理支垫，防止塔材变形。要求运输时衬垫方木并固定，装卸时吊点合理，严禁在地面拖拉塔料。

（2）与管件直接连接的起吊绳尽量选用专用编织吊带，不得将钢丝绳直接绑在钢管上。

（3）保证合理布置现场，钢丝绳不得磨碰塔材；吊装时，控制好拉线，防止碰撞。

（4）地面组装严格按图纸进行，需补强处理的吊件，除按规定补强外，还需控制吊件的就位尺寸，以免安装中出现强行安装。

（5）施工过程中保证铁塔受力不过载，吊件不超重。

（三）螺栓紧固扭矩控制

（1）对法兰螺栓配设专用套筒及加长定臂扳手进行紧固。

（2）采用增扭器对紧固扭矩进行检查复核。

（3）铁塔每组立一个施工段，抱杆顶升前，对全部螺栓进行逐个复紧验收。